プロの履歴書からわかる

生きものの仕事

松橋利光

山と溪谷社

はじめに

生きもののお仕事をする人になれますか？

もちろんなれます！

子供向けの「生きもののお話会」を開催すると、たくさんの生きもの好きなお子さんが参加してくれますが、親御さんの多くは生きもの好きのお子さんの将来を少し心配しているみたいなんです。

「うちの子は生きものが大好きで、なんでも捕まえてきちゃうし、なんでも飼いたがるし、いつも図鑑ばかり見ていて勉強しないし……」

「ただただ生きものが好きなようなんですけど、そんな生きもの好きを活かした生きもののお仕事をする人になれるでしょうか？」

という悩みにも近い質問を受けることが多いんです。

もちろん、なれます。なれるに決まっているじゃないですか！

だって、親御さんが心配する全ての要素に当てはまるのが、まさに小学生の頃の私なんです……。私は子供の頃から勉強も運動も何をするにも出来の悪い要領の悪い子でしたけど、生きものが好きで、種類でも飼い方でもなんでも自分で調べてずっと生きものことばかり考えていて、生きものを好きな気持ちは誰にも負けないと思っていたし、その熱意だけで今こうして、30年以上も生きもののお仕事を生業にしています。

生きもののお仕事と一言にいっても、飼育員・獣医師・研究者・ペット関係と職種も多いですし、「こうしたらなれる！」という誰にでも当てはまるようなマニュアルのようなものはないように思いますが、それは世の中の多くのお仕事とあまり変わらないと思います。

そこで思いついたのが、生きものお仕事をする人たちがどうやってその仕事についたかを調べてみること。どういう経緯でそのお仕事についたかがわかれば、今後の進む道に大きなヒントになると思います。

この本に登場する生きもののプロフェッショナルたちの、生きもののお仕事につくに至った経緯を参考にしてみてください。

夢や目標を共有してみてください。

自分のやりたい仕事、向いている仕事、進む方向みたいなものが見えてくると思いますよ！

松橋利光

本書の使い方

本書では､その道のプロたちに「なぜその道を選んだか」「どうやってその仕事についたか」などを聞き、それを履歴書形式で紹介しています。どうやったらその仕事につけるのか、そのお仕事をしている人たちはどういう道をたどって今に至っているのか、なぜその仕事を続けているのか、どこにやりがいがあるのかなど、履歴書を読み解くことで、その仕事につくためのヒントをつかむことができるようになっています。ここでは履歴書を読み解くためのポイントを紹介します。

(たまごマーク）の履歴書は、生きものの仕事を現在進行形で目指している人の履歴書です

基本情報

所属・仕事内容・資格・趣味など、プロの基本情報をまとめました

写真

プロの1番お気に入りの動物とのツーショット

目標

夢だった仕事につくことがゴールではなく、ついてからがお仕事の本番です。プロたちに今、どんなことを夢や目標としているのかを聞きました

シャチトレーナーは思いの外、体力勝負の仕事!

名前	シャチの飼育担当の 小松（こまつ）さん
現職	鴨川シーワールド　海獣展示一課 シャチチームマネージャー
主な仕事内容	生きものの飼育（シャチの飼育およびパフォーマンス）
主な収入源	給料
生まれ	1984年
学歴	上伊那農業高等学校生物工学科 帝京科学大学 理工学部 バイオサイエンス学科
職歴	鴨川シーワールド入社15年目
資格	潜水士、飼育技師、普通自動車免許、学芸員
趣味	映画鑑賞、旅行、カメラ、ゴルフ、ダイビング

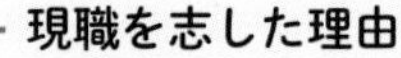

現職を志した理由

今の仕事を目指したきっかけを聞きました

現職につくまでの経緯

今の仕事につくまで、どんな道をたどってきたのかを聞きました

現職につくために努力したこと

今の仕事につくために、どんなことに注目し、どんな努力をしてきたのかを聞きました

仕事のやりがい

仕事をするにあたり、楽しいこと・喜びを感じることなどを聞きました

生きもののお仕事につきたい若者や家族へのメッセージ

生きもののお仕事につきたい人たちへのアドバイスや、応援のメッセージをいただきました

今日も楽しそうでよかった！

1章 生きもののすばらしさを伝える仕事

現職を志した理由

幼少期より動物が好きで、泳ぐことが得意でした。小学生の頃より水族館に興味をもち、大学生のときに鴨川シーワールドでシャチに魅了されてからはシャチトレーナーを志しました。

現職につくまでの経緯

鴨川シーワールド入社後、イルカトレーナーとして働き、約1年後にシャチチームへ移動する。

現職につくために努力したこと

〈就職前〉生物・生態・行動学などの勉強。泳力をつける。潜水士やダイビングライセンスの取得。水族館や博物館などでの実習。

〈就職後〉イルカトレーナーの時期は鯨類の基礎を一から教わり、本当に勉強になりました。毎日、日課業務をこなすだけで精一杯。今振り返るとその日々が努力だったのかも。

高校はスイミングクラブに通い、大学は水泳のインストラクターのバイトをし、「名のある大会で入賞！」を目標にがんばりました。

仕事のやりがい

お客様が楽しんでくれている姿を見るのはもちろん、シャチが楽しそうにパフォーマンスしているとよりうれしくなります。シャチにとって、パフォーマンスが仕事にならないように、遊びの感覚で参加できるよう、いろいろな工夫をしています。シャチはその都度違った動きを見せてくれ、私たちトレーナーも楽しんでいます。

「シャチにとって私たちはどんな立ち位置なんだろう？」とよく考えます。家族でも友達でもない。でも、種を超えた信頼関係があると感じています。そんな関係を築くには時間をかけないとダメ。長く側にいて見守ることで、唯一無二の存在になれるのだと思います。

生きもののお仕事につきたい若者や家族へのメッセージ

とても華やかで、楽しそうな職業に見えますが、動物たちの健康を管理する体力勝負の仕事です。シャチやイルカは身体が大きいので、えさの準備と給餌だけでもひと苦労です。覚悟をもって、ひとつの命と長く付き合っていく中で、それに見合うだけのやりがいを感じられる仕事だと思います。

真冬の冷たいプールに入り、炎天下で分厚いスーツで走り回り…と、とにかく過酷。季節に左右されない健康体がないと、パフォーマンスはおろか、動物たちの健康を守ることもできません…！

41

※履歴書によっては、すべての項目ではなく、一部の項目のみを紹介していることがあります

もくじ

4章 生きものを調べたり研究したりする仕事

研究者、学芸員、標本士、野生動物の調査、レンジャー　ほか

column

デザイン　松倉 浩／鈴木友佳

編集　池田菜津美／手塚海香（山と溪谷社）

1章

生きもののすばらしさを伝える仕事

この章では、主に水族館や動物園の仕事を紹介します。実は日本は世界的にも珍しい動物園水族館大国で、その数は日本動物園水族館協会に加盟しているだけで約140園館あり、加盟していない園館も加えると200を超えます。営業形態はさまざまで、市町村などの公的な機関が運営するもの、観光などを生業とする親会社がグループとして運営するもの、単体での施設経営などがあります。仕事の内容は、生きものの展示・飼育・管理にとどまらず、希少種の繁殖に取り組む種の保存や研究、生きものの生態や現状を伝える教育普及活動など多岐に渡り、まさに多くの人々に生きもののすばらしさを伝える仕事といえるでしょう。

生きものの飼育員（水族館・動物園）

仕事内容は、えさの準備と給餌、飼育施設のそうじといった生きものの健康を管理する仕事のほか、生きものの生態を正確に伝えられ、かつ魅力的に見せる展示の工夫、解説やショーなどが主な仕事です。給料は、私が勤めていた30年ほど前だと民間の水族館ではかなりの少額で、同年代の会社員に比べると2/3以下で憤りを口にする仲間も多かったのですが、今はずいぶん改善されてきたようで、あまり厳しい意見は聞かれませんでした。公的機関の運営では、公務員に準ずる給料形態をとっているところが多く、グループ会社の場合も同じです。福利厚生はほとんどの施設でしっかり充実しています。

なるには？ 大学や専門学校で生物や環境のことを学び、入社試験を受けて入社するのが一般的ですが、学生の頃から実習や研修・アルバイトなどで施設に関わりアピールするなど、仕事につくための努力をする人が多いです。就職時に持っていないといけない資格などはありませんが、自動車運転免許・潜水士・学芸員などの資格を持っていると有利なようです。新卒では正社員として入れる枠はあまり多くはなく、数年の契約社員としての採用が多いのが現状です。

また水族館で働く人は、生物学や生態学など専門的な分野の大学院に進学し、学位を持っている人が多いです。水族館の経営側としても、生きものが好き！という気持ちだけではなく、専門的な知識をもち今後の日本の水族館のあり方について考え、より良い施設を目指して行動していける人材を欲している傾向にあります。

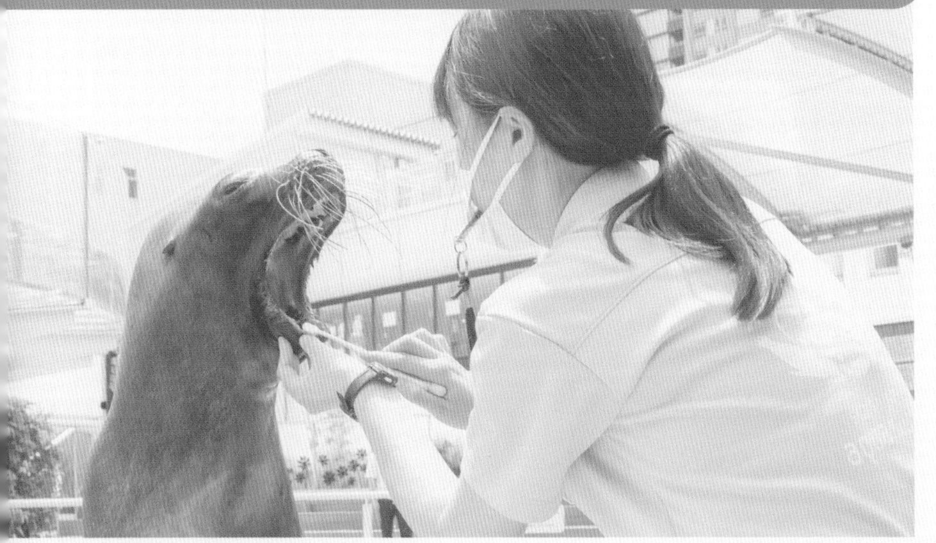

それ以外の仕事

動物園や水族館では直接生きものに携わる飼育員以外にもさまざまな仕事があります。施設を運営する総務・業務などの仕事、園館での出来事や考えを内外に知らせたり宣伝をしたりする広報課、濾過器や空調・ポンプなど飼育に関わる機器などを管理する仕事など。変わったところでは、施設の近くで見られる身近な生きものや、通常のルートでは手に入りにくい展示生物を採集する専門の係があったりもします。

●ご協力いただいた動物園・水族館の一覧●

鳥羽水族館（P.16-23, 82-83）
世界淡水魚園水族館　アクア・トト ぎふ（P.24-27）
名古屋港水族館（P.28-29, 84-85）
海遊館（P.30-33, 86-87）
サンシャイン水族館（P.34-35, 88-89）
葛西臨海水族園（P.36-39）
鴨川シーワールド（P.40-43）
よこはま動物園ズーラシア（P.48-51）
アドベンチャーワールド（P.52-57）
井の頭自然文化園（P.58-63）
多摩動物公園（P.64）
上野動物園（P.65）
体感型カエル館 KawaZoo（P.66-67）
体感型動物園 iZoo（P.68-71）

生きもののすばらしさを伝える仕事を  見学！
【水族館編】

生きものの観察と記録は
大事な仕事のひとつ。

飼育員さんと一緒に生きものの
魅力を伝えるのが広報の仕事。

毎日のトレーニングは
楽しく＆しっかりと！

いつもありがとう！

整った環境を維持するのは結構大変なこと。

生きものとコミュニケーションをとる
のは難しいからこそおもしろい！

いろいろな仕事をかたづけて、
いざ潜水そうじへ！

機材のチェック、
異常なし！

バックヤードにも生きものはいっぱい。みんなで協力して世話をします。

鳥やほ乳類など、魚以外の生きもののことも勉強しながら飼育します。

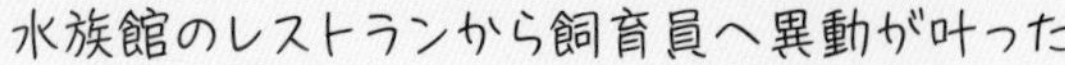

名前	ジュゴン飼育員の **半田**（はんだ）さん
現職	**鳥羽水族館　飼育研究部　海獣類チーム**
主な仕事内容	**生きものの飼育**（ジュゴン、マナティー、イルカ、ペリカン）
主な収入源	給料
生まれ	1973年
学歴	鳥羽高等学校
職歴	1992年　鳥羽水族館に入社
資格	潜水士、飼育技師、普通自動車免許
趣味	旅行、身近な生きもの調査

そうじの邪魔しないで〜〜

ジュゴン

＼私の目標は…／

現在飼育担当している生きものたちを健康に長生きさせること。夢は、自分が定年を迎えた後もずっとジュゴンが元気にいきいきと泳いでいる姿を見ることです。

現職を志した理由

小さい頃から生きものが好きだったから。

小学生の頃はペットショップをひらきたいと思っていた。生きもの好きは健在で、今はウサギを飼っている。のんびりしたところがジュゴンに似てるかも！？

現職につくまでの経緯

高校卒業後、飼育係を目指して鳥羽水族館に入社（当時は高卒の飼育係求人が出ていなかったため他の部署でもよいと思い試験を受ける）。入社後はレストランに配属となるが約９ヶ月後に欠員が出たため飼育係になれる。異動当初からずっとジュゴンの担当をしている。

入社試験で「飼育員になりたいと思っています！」とPRした。飼育員に欠員が出たとき、声をかけてもらえたのは、PRを覚えてもらっていたのかも…

ジュゴンを担当して30年。表情がわかりにくい生きものだけど、よ～く観察していると、どんな気持ちなのかわかるようになってきた。目をショボショボさせているときは、ねむいときや、機嫌の悪いとき！

現職につくために努力したこと

鳥羽水族館で飼育されている生きものの水槽を見て種類を覚えたり、生きものの本を読んだりした。

生きものの飼育で大事なのはよく観察すること。表情を読み取るだけではなくて、体をさわっておなかの張り具合を見たり、いつもと違う行動や、うんちのかたさなど、わずかな変化を見逃さないようにしている。

生きもののお仕事につきたい若者や家族へのメッセージ

生きものについてよく知ることが大切だと思います。私は小さい頃から犬やカメ、鳥などいろいろな生きものを飼ってきました。好きな生きもの、身近な生きものの生息場所や習性などを知り、ときには観察や調査などを行ってもよいかも知れません。常に生きものに接することは、生きものの仕事についたとき必ず役に立つと思います。

海獣類が大好きだったけど、今はスナドリネコに夢中！

名前	魚類やほ乳類の飼育担当の **龍崎**（りゅうざき）さん
現職	**鳥羽水族館　飼育研究部　魚類チーム**
主な仕事内容	**生きものの飼育**（魚類、スナドリネコ、鳥類）
主な収入源	給料
生まれ	1999年
学歴	日本大学 生物資源科学部 海洋生物資源科学科
職歴	2021年4月東京都のJAに就職した後、同年12月鳥羽水族館に転職
資格	潜水士、ダイビングライセンス、小型船舶操縦士、学芸員
趣味	旅行、水族館巡り、カラオケ

＼私の目標は…／

水族館に来ていただいたお客様に生きものや地球環境の保全、現状を知っていただく機会を提供したい。「かわいい！」で終わらず、尊さ故に守っていく必要があると感じてもらえる企画や展示に挑戦していきたい。

アシカも大好き！

カリフォルニアアシカ

スナドリネコ

現職を志した理由

幼少期から海獣類が大好きで、そこから生きもののおもしろさやすごさを知り、多くの人に発信していきたいと思ったから。

沖縄美ら海水族館のイルカショーを見て感激したのがきっかけ。今は魚類チームで魚やほ乳類、鳥などの世話をしていますが、日本の生物や両生爬虫類などにも興味が湧いてきています。

現職につくまでの経緯

高校卒業後、神奈川県にキャンパスを置く日本大学海洋生物資源科学科に入学。コロナ禍で第一志望だった鳥羽水族館の飼育採用募集がなく、一度JA（マインズ農業協同組合）に就職。就職後、2か月で鳥羽水族館の飼育募集がかかり、受けたところ内定をもらった。10月末でJAを退職し、12月から鳥羽水族館に勤務しはじめる。

現職につくために努力したこと

学生時代、さまざまな水族館や飼育施設に足を運び、実習やボランティア活動に積極的に参加した。どういう水族館が好きでどういう水族館で働きたいのか知るため。また、水族館でなぜ働きたいのかを追求して考えた。

実習やボランティアで回ったのは8園館だったかな…鳥羽を第一希望にしたのは、鳥羽水族館の人の温かさと、鳥羽の美しい景色にほれたから！

仕事のやりがい

日々、積み重ねてきたことが成果として現れたとき、達成感や喜びがある。

水槽の管理は重要な仕事。あるとき、水槽の水かさや流量が普段と違うことに気がついた。設備を毎日チェックしていたからこそ。スナドリネコの赤ちゃんを生後すぐから世話をしていて、どんどん大きくなっていくのもうれしい。（そしてちょっとさみしい…）

生きもののお仕事につきたい若者や家族へのメッセージ

水族館飼育員は情報を発信していくことが多い仕事だと思います。「生きものが好き！」な気持ちはもちろん大切ですが、人が好きという気持ちも大切だと思います。また、ひとつひとつの出来事に疑問をもって取り組んでいくことが、大きな発見に近づく一歩だと思います。

スナドリネコまみれに…

高専卒の工業系飼育員?!

名前	魚類や爬虫類、鳥類の飼育担当の**中西**さん
現職	**鳥羽水族館 飼育研究部 魚類チーム**
主な仕事内容	**生きものの飼育**（魚類、爬虫類、鳥類、マナティー）
主な収入源	給料
生まれ	1991年
学歴	近畿大学工業高等専門学校 大阪コミュニケーションアート専門学校（現：大阪ECO動物海洋専門学校）
職歴	2013年　鳥羽水族館に入社
資格	潜水士、PADIレスキューダイバー、飼育技師、 小型車両系建設機械（小型ユンボ）
趣味	LIVE参戦、ラグビー（やるのも、観るのも）、キャンプ

現職を志した理由

子供の頃、とある水族館のバックヤードツアーに参加。そのときに「こんな仕事があるんや!?」と感激し、水族館で働くことを目指すようになりました。

もくろみは外れて、
高専で学んだ知識は
現職では使わず…笑

現職につくまでの経緯

飼育員になる夢はあるものの、知識もツテもないので、「水族館の設備技師になれば飼育員になれるチャンスがあるかも！」ともくろみ、高専で勉強する。その後、動物園や水族館の専門学校を見つけ、高専卒業後に入学。1社目に就職試験を受けた鳥羽水族館へ運よく入社できた。

現職につくために努力したこと

可能なかぎり実習（インターンシップ）に行った。

あばれちゃダメだよ〜

夢や目標

担当する動物の繁殖（特にリクガメ！）。ほかの企業、人物とコラボするようなイベントなど、たくさんお客さまが来てくださるようなイベントを考えたい。

コロナ禍が緩和したとき、
お客さまたちの楽しそうな姿を
久しぶりに見ました。
「水族館はこうじゃなくちゃ！」
とテンションが爆上がりした！

海運会社に入社するも、水族館で働く夢を捨て切れず転職！

名前	水族館の広報担当の**杉本**(すぎもと)さん
現職	**鳥羽水族館　企画広報室　指導役**
主な仕事内容	**広報（カメラ・ビデオ撮影、イベント企画、生物番組制作、後輩への広報業務の指導など）**
主な収入源	給料
生まれ	1960 年
学歴	大阪府立能勢高等学校 関西外国語大学 英米語学科
職歴	トランス・メリディアン・ナビゲーション・カンパニー（外資系船会社）に入社後、鳥羽水族館（企画室）に転職
資格	普通自動車免許、二輪免許、小型船舶操縦士２級、PADIダイビングライセンス、潜水士、学芸員
趣味	ランニング、テニス、釣り、スポーツ鑑賞

飼育員との打ち合わせも大事な仕事！

現職につくまでの経緯

小さいときから海の生きものに興味があり、休みごとに和歌山の祖父の家に通いつめて海の生きものを追いかける。大学は水産系と語学系で迷ったものの、将来海外でも生きものを見る機会があると考え、外国語大学へ進学。卒業後、海関係の仕事をと外資系の海運会社に就職するも、水族館で働く夢を捨て切れずに1年で退社。遺跡発掘のアルバイトをしながら、水族館へ求人募集の問い合わせを続ける。1年後、鳥羽水族館の募集情報を得て、企画室に採用される。

当時、企画室は立ち上げ直後ですべてが手探り。その中で始めたのが、カメラやビデオで記録を取ること。いちばん大変だったのは、1990～1994年の水族館の引っ越し。リニューアルの工事のようすや動物の移動など、引っ越しのすべてを映像に残すため、日夜走り回った。

夢や目標

今までの経験を活かし、子供向けの自然教室や体験教室の実施を通して、生きものの不思議な生態や人と自然の接し方などを考えていきたい。

手で触ったり、目で見たり。常々、体験による感動に勝るものはないなあと思うので。実際、私が水族館で働いているのも、生きものの不思議がわかる喜び、自分自身のおもしろいと思う気持ちが大きいから。

広報はいろんな生きものに「関わる」ことができる仕事！

名前	水族館の広報担当の **榊原**（さかきばら）さん
現職	鳥羽水族館　企画広報室
主な仕事内容	HP管理、SNSの運営など。生きものの撮影全般
主な収入源	給料
生まれ	1996年
学歴	愛知県立半田商業高等学校 名古屋コミュニケーションアート専門学校（現：名古屋ECO動物海洋専門学校）
職歴	専門学校卒業後、鳥羽水族館に入社
資格	潜水士、普通自動車免許
趣味	釣り、写真を撮ること

＼私の目標は…／

「公式SNSのフォロワーを増やす！　目指せ100万人！」。SNSを通して、鳥羽水族館の生きものたちについて一人でも多くの人に興味をもってもらいたい、SNSだけではなく実際に足を運んでもらえるようになりたいと思っています。

フンボルトペンギン

現職を志した理由
小さい頃から生きものが大好きで、好きなことを仕事にしたかったから。
現職につくまでの経緯
昔から勉強が大嫌いで、少しでも早く就職したくて、中学卒業後は資格などもたくさん取得できるからと、商業高校に進学しました。残念ながら高校でも勉強ができず、就職先があまり選べなかったときに、どうせなら「好き」を仕事にしたいと思い、大好きなペンギンの飼育員を目指すことに。好きなことのためなら勉強できるかもと思って専門学校に進学しました。
現職につくために努力したこと
専門学校に入学した当初から「飼育員になれるのはごくわずか」と言われてきました。自分だけのアピールポイントを探っていたときに、好きだった「カメラ」を活かそうと思いつきました。就職面接のときには、自分が撮影してきた生きもののアルバムを使って積極的にアピールしました。
仕事のやりがい
自分が撮った動画や写真をほめてもらったとき。
生きもののお仕事につきたい若者や家族へのメッセージ
「生きもののお仕事」というと真っ先に思い浮かぶのは「飼育員」だと思います。でも、「飼育員」でなくても生きものに関わることはできます。私の仕事は飼育員ではないけれど、水族館で飼育しているすべての生きもののすばらしさを世界中に発信することができます。「お世話」はしないけれど「関わる」ことはできる、ある意味「ウラの飼育員」だと思っています。生きもののお仕事を目指すときに、「どんなふうに生きものと関わりたいか」も考えてみてくださいね。新しい発見があるかもしれません！

ペンギンの飼育員になると、アシカショーも担当せねばならず…(人前に出るのが苦手だった)。結果的に、広報に入ってよかった。だって、飼育員は担当する生きものしか見られないけど、広報はぜ～んぶ見られる！

インスタ、ツイッター、TikTokなどなど。SNSによってバズるポイントが違うので、日々研究しています！

広報用の写真を撮影中！

両生類の飼育のスペシャリスト!

名前	両生類の飼育担当の **田上**（たがみ）さん
現職	世界淡水魚園水族館アクア・トトぎふ 展示飼育部 展示飼育チーム 魚類班班長
主な仕事内容	**生きものの飼育**（魚類、両生類）
主な収入源	給料
生まれ	1978年
学歴	東海大学 海洋学部 水産学科 増殖課程
職歴	2001年　某水道設備会社に入社 2002年　大阪ウォーターフロント開発株式会社（海遊館）アルバイト飼育員になる 2004年　株式会社江ノ島マリンコーポレーション（世界淡水魚園水族館アクア・トトぎふ）に入社
資格	潜水士、普通自動車免許、学芸員
趣味	観葉植物育成、テニス

エサやり中！

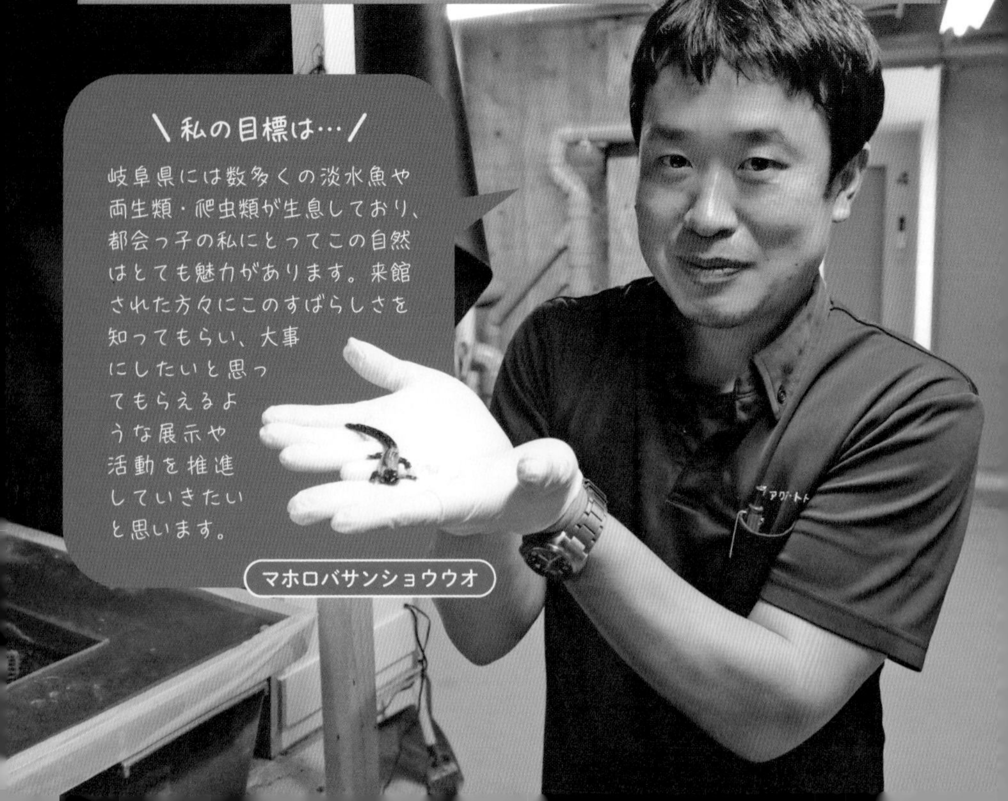

＼私の目標は…／

岐阜県には数多くの淡水魚や両生類・爬虫類が生息しており、都会っ子の私にとってこの自然はとても魅力があります。来館された方々にこのすばらしさを知ってもらい、大事にしたいと思ってもらえるような展示や活動を推進していきたいと思います。

マホロバサンショウウオ

現職につくまでの経緯

小学生から中学生の頃は釣りや魚とりで地元の淀川に通いつつ、自転車で大阪市内の観賞魚店を巡る。将来、水族館など魚に関わる仕事をしたいと考え、東海大学海洋学部に進学。しかし、大学時代は遊び呆けてしまい、途中から全く関係のない仕事につくしかないと考え、水道設備会社に就職し、貯水槽のメンテナンスや営業に従事する。しかし、水族館への思いをあきらめきれずに退職し、そうじなどのアルバイトをしながら、水族館や動物園の募集を探していたところ、海遊館での飼育アルバイトの募集を発見し応募する。その後もいくつかの動物園・水族館の正職員採用試験を受けては落ちを繰り返したのち、現職へ。

現職につくために努力したこと

大学の同級生には卒業後すぐに水族館に就職した人も多く、出遅れた焦りがかなりあった。少しでも経験と武器を増やそうと、水族館での常勤アルバイトのかたわら、チルドレンズミュージアム・キッズプラザ大阪でワークショップボランティアに参加していました。また、水族館の就職試験に役立ちそうな資格（小型船舶、フォークリフトなど。実際は役に立っていないけど…）を取得。ネットで採用情報を検索しつつ、定期的に全国の水族館に電話して採用情報を聞きました。

ワークショップボランティアの活動は就職試験のほか、実際に水族館職員になったあとに、教育普及活動の経験が役に立つと思ったからです。

仕事のやりがい

育てている生きものが増えるのは純粋にうれしいです。また、「水族館に来てみて、身近な生きものが好きになった！」という声はモチベーションになります。

サンショウウオ（一番大好き！　顔もフォルムもかわいい！）やイモリの飼育下繁殖方法を確立するため、日々、彼らの生態を観察しています。生息地に足を運び、環境を知ることも大事！

生きもののお仕事につきたい若者や家族へのメッセージ

「水族館に入って何をしたいのか？」。就職活動中、相談に乗ってもらっていた水族館学芸員の方に、よく聞かれた言葉です。仕事につくことがゴールではなく、スタートです。何をしたいか、そのために何をしておけばよいのかを常に考えて、とにかく行動することが大事だと思います。失敗も大事な経験です。

生きものの詳しい情報を得るには英語が必要だったり、それを人に伝えるためには国語が大事だったり。いろいろなものに興味をもって学ぶことも大切。途中で方向転換したとしても、学んだことは絶対に無駄になることはない！

魚＆釣り好きから水産系の研究を経て、水族館の飼育員へ

名前	魚類の飼育担当の **波多野**（はたの）さん
現職	**世界淡水魚園水族館アクア・トトぎふ 展示飼育部 展示飼育チーム チーフキュレーター**
主な仕事内容	**生きものの飼育、飼育業務の統括**
主な収入源	給料
生まれ	1977年
学歴	愛知県立名古屋南高等学校 日本大学 農獣医学部 水産学科 日本大学大学院 生物資源科学研究科 応用生命科学専攻 博士後期課程
職歴	2004年　株式会社江ノ島マリンコーポレーションに入社 世界淡水魚園水族館　展示飼育部に配属 2016年　相模川ふれあい科学館　展示飼育部へ異動 2022年　世界淡水魚園水族館　展示飼育部へ異動
資格	潜水士、普通自動車免許、学芸員
趣味	登山、キャンプ、スキー

水質や機械のチェックは日課の仕事

＼私の目標は…／

目標はそのときどきで変わり、10年前は何を考えていたのか思い出せません。今は、子供たちと自然をつなぐきっかけ作りに携わっていきたいと思っています。自分自身もっと川や山で遊び、生きものを通して感じる自然の豊かさ大切さを次世代に残していきたいです。

現職を志した理由

牛巻水族館という下町の小さな観賞魚店があり、小学生のときに自転車でそこへ行くのが楽しみでした。買えないのでいつも見ているだけでしたが、ナイフフィッシュなどに釘づけ。生暖かい空気と匂いが忘れられません。当時は水族館もほとんどなかったので、観賞魚店が魚との接点でもありました。高校時代には釣りにはまり、漠然と魚の飼育や養殖などに携わる仕事への興味をもちました。

高校時代にはまった釣りつながりで、魚の飼育や養殖など、水産を学べる大学への進学を決めた。

現職につくまでの経緯

所属した研究室で魚の研究のおもしろさに目覚める。大学院へ進学し、シロウオというハゼ科の魚の性成熟機構に関する内分泌研究をする。イタリアで開催された知る人ぞ知る（知らない人はまったく知らない）国際比較内分泌学会でポスター賞を受賞。まさか受賞できるとは思っておらず、授賞式の時間は先輩と地中海で海水浴中で、担当教授にこっぴどく怒られたのがよき思い出。その後、数多の先輩諸氏の苦労を見て、研究で食べていくことの難しさを痛感し、身の振り方を考えているなかで、アクア・トトぎふのオープニングスタッフとして採用してもらい、就職難民にならずにすむ。

研究室に在籍中に知り合った他大学の先生から、水族館スタッフ募集の情報を教えてもらったことも。

現職につくために努力したこと

運がよかっただけだと思います。努力ではありませんが、縁は大切にしてきました。

生きもののお仕事につきたい若者や家族へのメッセージ

自分が決めた場所ではもちろん、それが与えられた場所や理想とちがう場所であっても、明るく元気にすごせることができると、周りも力を貸してくれるようになり、自身の成長へとつながっていくと思います。どの仕事でもその職についてからがスタートです。その職につくことが目標ではなく、その先どうして行きたいかを考えてほしいと思います。

苦手なことほどがんばるのはつらいですが、それを乗り越えるために「好きなこと」を使うくらいが丁度よいと最近は思います。

 水族館に就職後、卒業研究で観察していたシャチ「クー」を担当することに!?

名前	鯨類の飼育担当の**森**（もり）さん
現職	名古屋港水族館　飼育展示部飼育展示第二課第一係長
主な仕事内容	生きものの飼育（イルカ）、事務調整業務
主な収入源	給料
生まれ	1976年
学歴	愛知県立松蔭高等学校 東海大学 海洋学部
職歴	1999年　名古屋港水族館に入社
資格	飼育技師、普通自動車免許、学芸員
趣味	食べ歩き、推し活

今日も元気そうだね！

ハリセンボン

＼私の目標は…／

イルカも人も、健康でいられるといいなと思って、毎日を精一杯がんばっています！

特技は水泳！
泳ぐことだけは
自信があったので、
それを活かせる仕事を
探しました。

現職を志した理由

特技を活かした職業につきたいと思ったから。

現職につくまでの経緯

中学生のときにアメリカのシーワールドでシャチのショーを見て感動。高校時代に大学の進路（学部）を決めかねていたとき、偶然見たテレビ番組でイルカの飼育係の特集を見て興味をもつ。水族館に「飼育係になるにはどうしたらよいか」を質問をしたところ、東海大学海洋学部を知り、目指すことに。

大学入学後は周囲に同じ目的をもつ友達に恵まれ、水族館に就職したいという意思が固くなる。卒業研究は和歌山県太地町立くじらの博物館で、シャチの行動観察をする。

名古屋港水族館に就職後、卒業研究で行動観察していたシャチ「クー」が当館に輸送されることになり、飼育を担当した。その後、ベルーガ、ゴマフアザラシ、ケープペンギンを飼育し、現在のイルカ担当になる。

はじめての飼育担当がシャチだったので気合いは十分。でも、それが空回りして、全然言うことを聞いてくれず…。あるとき、言う通りにさせようとするのをやめたら、だんだんとうまくいくようになりました。「クー」にはいろんなことを学ばせてもらったなぁ。

現職につくために努力したこと

同じ目標をもつ友達や大学の先生から、水族館求人の情報収集したこと。日本の水族館に就職できない可能性があったため、海外留学のため英語の勉強を必死にしていた。結果的に試験や就職後も英語がかなり役立った。

仕事のやりがい

生きものに接している仕事なので、毎日変化があって楽しい。

生きものと相対しているのも好きで、よく話しかけています。言葉がわからないイルカにも、こちらの気持ちが伝わっている気がします。

生きもののお仕事につきたい若者や家族へのメッセージ

私のように生物にあまり触れてこなかった人でも、水族館の仕事は多岐に渡るので何かしら自分のできることがあると思います。知識や経験がなくても、興味をもってチャレンジや勉強をして、失敗してもめげずに突き進むことが大切だなと思います。今、自分のできることを、めいっぱいやってみてください！

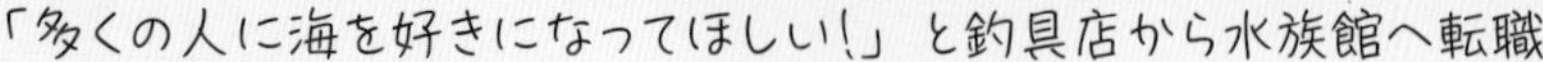

「多くの人に海を好きになってほしい!」と釣具店から水族館へ転職

名前	魚類の飼育担当の **長尾**(ながお)さん
現職	**海遊館　飼育展示部　魚類環境展示チーム**
主な仕事内容	**生きものの飼育**（魚類）
主な収入源	給料
生まれ	1989年
学歴	兵庫県立川西明峰高等学校 福井県立大学海洋生物資源学科
職歴	2012年　株式会社エサ一番に入社 2015年　株式会社海遊館に入社
資格	潜水士、飼育技師、中型自動車免許
趣味	釣り

エサやりトレーニング中

＼私の目標は…／

日本は四方が海に囲まれた国。もっと海に興味をもってもらいたい！（最初は水族館で「おいしそうだなぁ！」「食べられそう！」でもいいから…！）そして、みんなの大好きな海がより美しく、より豊かになってほしいです。

ナポレオンフィッシュ

ジンベエザメの行動チェックが日課

現職を志した理由

より多くの人に自然を好きになってもらうため。

現職につくまでの経緯

幼少の頃より生きものが好きで、大学では海洋生物資源学科を選択し、生物学を学ぶ。卒業後は海に関わる仕事につきたいと、自身の趣味でもあった釣具店に入社。その中で、自分が好きな海のよさを、もっと多くの人に知ってもらいたい、好きになってもらいたいという思いが強くなり、水族館での勤務を志すようになった。

そのときたまたま
地元の水族館（海遊館）で
募集があったので試験を受けて入社。
釣具店の仕事もおもしろかったし、
やりがいがあったので、
ネガティブな転職ではなかったです。
転職後は魚類飼育担当のほか、
ニフレル（海遊館が運営する水族館）や、
以布利センター（海遊館の海洋生物研究所）
にいたことも。
以布利センターは高知県にあり、
海がきれいで魚がいっぱいで……
釣り好きの私にとっては
毎日が天国でした。（笑）

現職につくために努力したこと

日々の仕事の中でも、点と点はいつかどこかでつながるという考えで、さまざまなことにチャレンジしました。

仕事のやりがい

お客様が楽しんでいるのを見られたとき。

えさをつくったり
そうじをしたりと、普段はバックヤードで
仕事をしているのですが、
ときどきお客様のいる通路へ出ることがあります。
そこで、お客様に話しかけていただいたり、
魚について質問をいただいたりして、
「話を聞けてよかった！」
「知らないことがわかってうれしい！」
と言ってもらえたときには、
とってもうれしいです！

生きもののお仕事につきたい若者や家族へのメッセージ

なぜその仕事につきたいのかを、どこかで振り返りながら突き詰めていけば、努力のモチベーションの維持にもつながると思います。

「●●で働きたい」
「●●になりたい」
というのが目的・ゴールになりがち。
私も転職するとき、
どうして水族館で働きたいのかを
一生懸命考えました。その答えが
「多くの人に海を好きになってほしいから」でした。

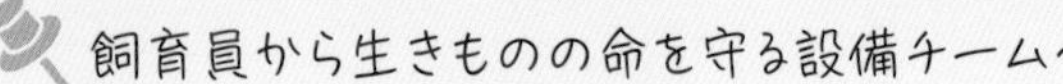

飼育員から生きものの命を守る設備チームへ

名前	水族館の設備維持管理担当の **野間**(のま)さん
現職	**海遊館　飼育展示部　設備チーム**
主な仕事内容	**LSS（生命維持装置）の維持管理**
主な収入源	給料
生まれ	ひみつ
学歴	大卒
職歴	2008年　大阪ウォーターフロント開発株式会社（現在の株式会社海遊館）に入社
資格	潜水士、普通自動車免許、クレーン運転業務特別教育、玉掛け技能、第二種電気工事士、フォークリフト特別教育、自由研削といし取替え・試運転特別教育
趣味	散歩

異音がしないか、聴診器で確認中…

＼私の目標は…／
仕事（会社）を辞めずに続けること！

現職を志した理由

幼少期から釣りや虫とりが好きで、生きものに関わる仕事がしたいと思った。

現職につくまでの経緯

高校生の頃に水族館で働きたいと思い、水産系の大学に進学。関西の水族館での実習や水族館以外の就職活動をしていたところ、タイミングよく海遊館の募集があり、就職することができた。

最初はジンベエザメなどの魚類担当になり、以布利センター（海遊館の海洋生物研究所）に出張したことも。
その後、ニフレル（海遊館が運営する水族館）のキュレーター（飼育員）へ異動。
キュレーターはお客様の前で展示の解説をしたりと、コミュニケーションが多い職。
その後、海遊館の設備チームへ異動することに。

現職につくために努力したこと

潜水士、スキューバダイビングのライセンス取得、水族館の実習、アルバイト、体力づくり、勉強。

仕事のやりがい

現在配属されている設備チームはすべての生きものの命を担う部署なので、責任が大変重い。しかも、設備機器のことを知ってないと、エラーや問題に気づけない可能性がある。いわば水族館の屋台骨で、なくてはならない仕事だと思う。

海遊館は大きい水族館なので、設備専属のチームがある。
毎日、水槽の水質測定やフィルターのチェック、配管の点検などを行う。
さまざまな工具を使って設備を管理しているが、今まで見たことも触ったこともない工具がたくさんあってびっくりした。
日々勉強中。

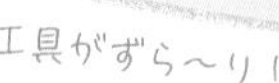

生きもののお仕事につきたい若者や家族へのメッセージ

人とのコミュニケーションを図るうえで、アルバイトや部活動、旅行など、学業以外の活動も大切にし、挨拶や上下関係、時間を守ることなど基本的なことを学んでおくと、社会人になってから役立つ。また、自分がやりたい専門分野の勉強だけでなく、さまざまなことに興味をもってチャレンジすれば、いろいろな道が開ける。体力が必要になるので、健康的な身体作り、規則正しい生活をするとよい。

名前	魚類の飼育担当の **笠原**（かさはら）さん
現職	**サンシャイン水族館　飼育員**
主な仕事内容	**生きものの飼育**（イカ、サンゴ、クマノミなど）
主な収入源	給料
生まれ	1994年
学歴	報徳学園高等学校 鹿児島大学 水産学部
職歴	2018年　株式会社サンシャインエンタプライズに入社
資格	潜水士、飼育技師、中型自動車免許、危険物乙4
趣味	釣り、小動物と戯れる

潜水そうじ中…こんにちは！

仕事をするなら魚系。水族館以外にも水産系の会社もチェックしていました。

現職につくまでの経緯

高校生から水族館の飼育員になりたいと思い始める。調べてみると水産系の大学に進学すると就職できる可能性が高くなることが判明。その後、東海大学海洋生物学部に進学し、魚病や免疫が好きで寄生虫を収集する日々を過ごす。しかし、魚類免疫の研究や広大なフィールドで釣りをしたいがために、わずか一年で中途退学し、鹿児島大学水産学部へ入学。大学時代は過酷な釣りをひたすら行い、フィールドや魚の習性の知見を得た。釣りがしたいがために大学院へと進学を希望するが、夢だった飼育員の求人が偶然出たため、当たって砕けろ精神で試験を受けた。

現職につくために努力したこと

資格取得、人脈作り

＊水産系の知識を蓄えるために、勉学はもちろん何事にも興味を持ち貪欲に挑戦してきた。

仕事のやりがい

自身が携わった水槽やイベントに対して来館者からお褒めの言葉をいただいたとき。飼育・繁殖が難しい生物に対してどう取り組むのか道筋が見えてきたとき。

水族館の実習にも参加しました。実習は生物に関するため大変な現場もあり、過酷でくじけそうになりましたが、おかげで今では多少のことでは心が折れません…！

名前	アシカ飼育担当の**有田**（ありた）さん
現職	**サンシャイン水族館　飼育員**
主な仕事内容	**生きものの飼育**（アシカ・アザラシ・ペリカンなど）
主な収入源	給料
生まれ	1995年
学歴	帝塚山高等学校 近畿大学 農学部 水産学科 近畿大学 農学研究科 水産学専攻
職歴	2020年　株式会社サンシャインエンタプライズに入社
資格	潜水士、準中型自動車免許、学芸員
趣味	読書、風呂、旅行

お口の中、チェックさせてね～

現職を志した理由

小学生の頃、生きもの係だったのですが、そのときにクラスで飼っていたミシシッピアカミミガメがきっかけで生きものが大好きに。カメと働ける職場はどこかと考えた結果、水族館の飼育員を目指すことにしました。

飼育員の仕事を間近で体験して、理想と現実のギャップも知りました。飼育員の仕事において、生きものと直接関わる時間は意外と少ない…！

現職につくまでの経緯

大学・大学院時代に、ウミガメの研究を行っていました。毎年、調査地に1か月ほど泊まり込みで一晩中産卵のために上陸するウミガメを探し回っていました。学会にも積極的に参加し、そのときに水族館の飼育員の方とたくさん出会えたので、リアルな話を聞くことができました。

仕事のやりがい

特に印象に残っているのは、入社2年目にカリフォルニアアシカの出産に立ち会えたときです。とてもうれしかったです。あとは、お客様に生きものの話をしたときに、お客様の「そうなんだ！」を引き出せたときは喜びを感じます。

離乳食の時期が長くて心配だったけど、はじめて魚を食べたときは感動&ほっとしました！

動物園と水族館を行ったり来たり。どちらも大好き!

名前	魚類の飼育担当の 古橋(ふるはし)さん
現職	葛西臨海水族園 飼育展示課　飼育展示係
主な仕事内容	生きものの飼育（主に東京都の海や淡水域に生息する生物）
主な収入源	給料
生まれ	ひみつ
学歴	ひみつ
職歴	ひみつ
資格	飼育技師、普通自動車免許 ＊業務の都合上、潜水士や潜水に関する資格を取る予定
趣味	盆栽、水槽の加工、両生類の観察

みんな大好き、小松菜だよ〜

現職につくまでの経緯

生物系の大学を卒業後、京都大学霊長類研究所（現在：京都大学ヒト行動進化研究センター）でチンパンジーの飼育業務を行いながら、動物園の採用試験を毎年受け続けていました。大学卒業から東京動物園協会の正規職員になるまで、5年かかっています。協会に就職してからは、葛西臨海水族園でペンギンや海鳥を担当し、その後は多摩動物公園で昆虫や両生類、アジアゾウなどを担当しました。働く中で淡水生物や水槽での飼育管理に興味をもったので、念願がかなって今に至ります。

大学では上野動物園のホッキョクグマを研究。小さい水槽の面倒を見るのもおもしろい。

仕事のやりがい

昆虫や水生生物などの場合、他の種よりも担当者が手を加えやすい部分があります（展示レイアウトを変えたり、飼育種を追加したり、新しい展示を提案したりなど)。今はこうした点にやりがいを感じています。

生きもののお仕事につきたい若者や家族へのメッセージ

飼育員は採用までの競争率が高いことに加え、非正規雇用での募集を目にすることも多くなってきています。やりがいのある仕事ですが、正職員として働くことが難しい場合もあるので、そうした視点からも飼育員を考えてみてください。(それでも目指してくれる人を応援します！)

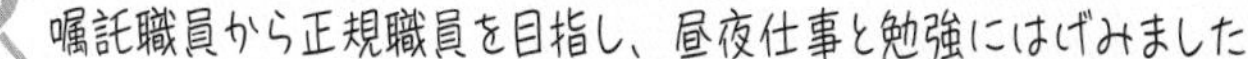

名前	ペンギンの飼育担当の 内山（うちやま）さん
現職	**葛西臨海水族園 飼育展示課　飼育展示係**
主な仕事内容	**生きものの飼育**（ペンギン、海鳥、水鳥）
主な収入源	給料
生まれ	ひみつ（現在の葛西のフンボルトペンギンに同級生が1羽います！）
学歴	ひみつ
職歴	ひみつ
資格	潜水士、普通自動車免許、飼育技師、OW（オープンウォーターダイバー）
趣味	キャンプ、音楽ライブ・フェスへ行くこと

こらこら！
順番だよ〜！

現職を志した理由

動物と動物園が好きだったため。

とにかく
生きものの世話をするのが
好きなんです！

現職につくまでの経緯

小さい頃から漠然と動物関係の仕事をしたいと思っていましたが、高校までは部活動中心の進学と生活。高校は商業科だったため、動物系への進学は難色を示され、別の道も検討していましたが、最後まであきらめきれず。動物の専門学校へ行くことを決めて進学しました。学生時代は多摩動物公園など、動物園で実習や短期アルバイトなどを経験。卒業後は新卒で上野動物園の嘱託職員として就職、3年後に正規職員になり現在に至ります。

現職につくために努力したこと

嘱託職員時代は、仕事をしながら、平行して正規職員になるための勉強をしていました。また、狭き門のため、求人情報を調べながらさまざまな園館の就職試験を受けていました。

正規職員の試験が
受けられる最後の年、
落ちたらどうしようと
不安でいっぱいの日々。
プレッシャーで口内炎だらけに
なって辛かった…

夢や目標

まだまだ未熟なので、一人前の飼育係になれるよう日々精進です。

ペンギンは種によって
飼育方法などが違うので奥が深い。
研究が比較的進んでいる生きものなので、
書籍や論文から
知識を得ています。

全国各地で魚を収集するのが仕事

名前	水族館の生物収集担当の小川（おがわ）さん
現職	葛西臨海水族園　飼育展示課　調査係
主な仕事内容	展示生物の収集、生きもののフィールド調査、関係機関との交流、教育普及活動の支援など
主な収入源	給料
生まれ	ひみつ
学歴	ひみつ
職歴	ひみつ
資格	潜水士、中型自動車免許、飼育技師
趣味	生きもの採集、釣り、旅行

トラックの荷台が水槽になってるんです！

＼私の目標は…／

自分が見ている「自然」を、来園者の皆様に伝えられるような展示を作りたいです。

ユウゼン

現職を志した理由

大学・大学院で、フィールドでの魚類の繁殖に関する研究をしていました。就職にあたり自分が見てきたものや学んできたことを広く伝えたいと思い、志望しました。

大学院にいたことで、水族館や水産業にまつわる情報を得る機会は多かったように思います。当時は意識していませんでしたが、人脈も広がり、現在でもお世話になっている方がたくさんいます。

現職につくまでの経緯

●大学院卒業後の就活で、いくつかの水族館を受け、東京動物園協会の嘱託職員に採用されました。葛西臨海水族園の調査係に配属され、生きものの収集担当となりました。
●翌年、再度東京動物園協会を受験し、正職員として採用され、現在まで生きものの収集を担当しています。

私が担当する調査係は、海に出て生きものを採集したり、漁業関係者のもとへ出向いて生きものを譲ってもらったりする仕事。自分でトラック（荷台は水槽！）を運転して、全国各地を巡っています。

網を使って自分で採集することもあります

現職につくために努力したこと

伝える側として、フィールドの知識を重要視しながら業務を行っています。実際に海に行き、観察や採集を通して生きものと触れ合う中で、「なぜこの魚が今いるのだろう」や「どうやったらこの生きものが採れるだろう」等疑問をもち、調べ、実践していくことで、実感を伴った知識を増やすことができます。

海の中は変わっていくもの。実際に足を運んで、自分の目で見ることで、水族館の展示も本物の海に近づけられるのではないかなと思っています。

仕事のやりがい

潜水したり、漁師さんの船に乗せてもらったりと、最前線の自然の情報に触れる機会が多いことです。

漁師さんなど、現場で働いている人の知識や情報はすごい！飼育展示係に伝えて、水槽管理や飼育に役立ててもらっています。

水温などを調整する機材のチェック！

シャチトレーナーは思いの外、体力勝負の仕事!

名前	シャチの飼育担当の **小松** さん
現職	**鴨川シーワールド　海獣展示一課 シャチチームマネージャー**
主な仕事内容	**生きものの飼育**（シャチの飼育およびパフォーマンス）
主な収入源	給料
生まれ	1984年
学歴	上伊那農業高等学校生物工学科 帝京科学大学 理工学部 バイオサイエンス学科
職歴	鴨川シーワールド入社15年目
資格	潜水士、飼育技師、普通自動車免許、学芸員
趣味	映画鑑賞、旅行、カメラ、ゴルフ、ダイビング

＼私の目標は…／

シャチたちが健康で元気に長生きができるようにサポートしたいです。また、次世代にもシャチのすばらしさを伝えていけたらと思います。

今日も楽しそうでよかった!

現職を志した理由

幼少期より動物が好きで、泳ぐことが得意でした。小学生の頃より水族館に興味をもち、大学生のときに鴨川シーワールドでシャチに魅了されてからはシャチトレーナーを志しました。

現職につくまでの経緯

鴨川シーワールド入社後、イルカトレーナーとして働き、約1年後にシャチチームへ移動する。

高校はスイミングクライブに通い、大学は水泳のインストラクターのバイトをし、「名のある大会で入賞!」を目標にがんばりました。

現職につくために努力したこと

〈就職前〉生物・生態・行動学などの勉強。泳力をつける。潜水士やダイビングライセンスの取得。水族館や博物館などでの実習。

〈就職後〉イルカトレーナーの時期は鯨類の基礎を一から教わり、本当に勉強になりました。毎日、日課業務をこなすだけで精一杯。今振り返るとその日々が努力だったのかも。

仕事のやりがい

お客様が楽しんでくれている姿を見るのはもちろん、シャチが楽しそうにパフォーマンスしているとよりうれしくなります。シャチにとって、パフォーマンスが仕事にならないように、遊びの感覚で参加できるよう、いろいろな工夫をしています。シャチはその都度違った動きを見せてくれ、私たちトレーナーも楽しんでいます。

「シャチにとって私たちはどんな立ち位置なんだろう?」とよく考えます。家族でも友達でもない。でも、種を超えた信頼関係があると感じています。そんな関係を築くには時間をかけないとダメ。長く側にいて見守ることで、唯一無二の存在になれるのだと思います。

生きもののお仕事につきたい若者や家族へのメッセージ

とても華やかで、楽しそうな職業に見えますが、動物たちの健康を管理する体力勝負の仕事です。シャチやイルカは身体が大きいので、えさの準備と給餌だけでもひと苦労です。覚悟をもって、ひとつの命と長く付き合っていく中で、それに見合うだけのやりがいを感じられる仕事だと思います。

真冬の冷たいプールに入り、炎天下で分厚いスーツで走り回り…と、とにかく過酷。季節に左右されない健康体がないと、パフォーマンスはおろか、動物たちの健康を守ることもできません…!

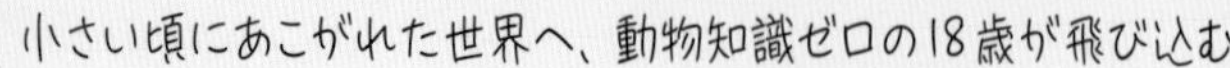

名前	アシカの飼育担当の **尾髙**（おだか）さん
現職	**鴨川シーワールド　海獣展示三課 鰭脚類マネージャー**
主な仕事内容	**生きものの飼育**（鰭脚類、ペンギンなどの飼育およびパフォーマンス）
主な収入源	給料
生まれ	1989年
学歴	千葉県立一宮商業高等学校
職歴	鴨川シーワールド入社15年目
資格	飼育技師、普通自動車免許
趣味	動物園・水族館巡りをして園館オリジナルのグッズを集めること

ナイスジャンプ!

現職につくまでの経緯

鴨川シーワールドでシャチパフォーマンスを見てトレーナーにあこがれ、あまりにもこの施設で働きたくて、高校3年生のときに同施設内の軽食販売のアルバイトにつく。バイト中、いろいろな動物を見ているうちに、セイウチに魅力を感じるように。高校卒業後、試験を受けて入社。セイウチの担当になる。

失敗ばかりで挫折しそうになったとき、「もっと動物たちと向き合ってみよう」と思ってからはいろいろうまくいくようになった。動物たちをよく見て深く考えるようになったのだと思う。

仕事のやりがい

お客様からのお褒めの言葉や拍手、笑い声があればあるほどうれしく思う。特に自分がトレーニングした種目で反応があると達成感がある。また、鴨川シーワールドをきっかけにセイウチの魅力に気づいてもらえたときや、動物が出産したときは大変だけどうれしい。

生きもののお仕事につきたい若者や家族へのメッセージ

とても厳しい世界で、動物が好きなだけでは通用しないこともたくさんあると思う。しかし、飽きっぽい性格の私がこの仕事を続けられるのは、動物たちとトレーナー仲間のおかげ。毎日毎日動物たちの表情や仕草は違い、やりがいはどんな仕事よりも感じやすいと個人的に思う。狭き門ではあるけれど、夢をあきらめなければ叶うのでがんばってほしい。

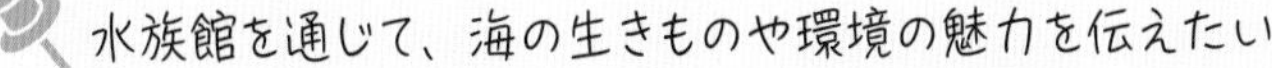

名前	魚類の飼育担当の **髙橋**（たかはし）さん
現職	鴨川シーワールド　魚類展示課
主な仕事内容	生きものの飼育（魚類）
主な収入源	給料
生まれ	1990年
学歴	商業高校から専門学校へ入学、卒業
職歴	2011年　東京サンマリン（熱帯魚等の直売店） 2012年　サンシャイン水族館 2015年　八景島シーパラダイス 2019年　UWSエンターテインメント（水槽メンテナンス会社） 2022年　鴨川シーワールド入社
資格	潜水士、普通自動車免許、飼育技師
趣味	多肉植物、キャンプ、渓流釣り、野鳥観察

魚たち、今日も元気いっぱいだな！

現職につくまでの経緯

専門学校卒業後、都内のアクアショップに勤めるが水族館があきらめられず、機会をうかがっていました。1年ほどで、サンシャイン水族館に転職。サンシャイン水族館では飼育の基礎を学び、繁殖にも携わりました。契約の都合上、約3年勤務したのちに退社、八景島シーパラダイスに転職。同施設では東京湾に1年を通じて潜水調査するなど、貴重な経験をさせてもらいました。水槽メンテナンス会社勤務を経て、鴨川シーワールドに入社しました。

水槽メンテナンス会社では、移動水族館（車で水槽を運ぶ）を経験しました。同時に観音崎自然博物館の協力研究員になり、現在も調査・保全に携わり研究報告を行っています。

仕事のやりがい

生物を理解し、展示に繋げられたとき。

海は変化するもの。環境展示をするなら実際にこの目で確かめたいと、1年を通じて海にもぐって観察しています。

生きもののお仕事につきたい若者や家族へのメッセージ

やりたいことを覚悟をもってやること、周りの人に感謝することが大切だと思います。

やりたいことを押し進めると、どうやっても周りの人へ迷惑や面倒をかけているはず。感謝の気持ちはいつでも忘れないようにしたい！

生きもののすばらしさを伝える仕事を 少し 見学！
【動物園編】

だいぶん
トレーニングにも
なれてきたね！

生きものが住みよい環境を、知恵や工夫でつくっていくのが楽しい。

「生きものの魅力を伝えるには？」は動物園の永遠のテーマ！

生きものの解説をしながら、1羽ずつ見分けてえさをやる。至難の業！

しっかり食欲があるのは元気の証拠！

さまざまなメディアで発信し、生きものに興味関心をもってもらうことはとても大事！

デザインは動物園の魅力を高めるツールのひとつ！

今日の調子はどう～？

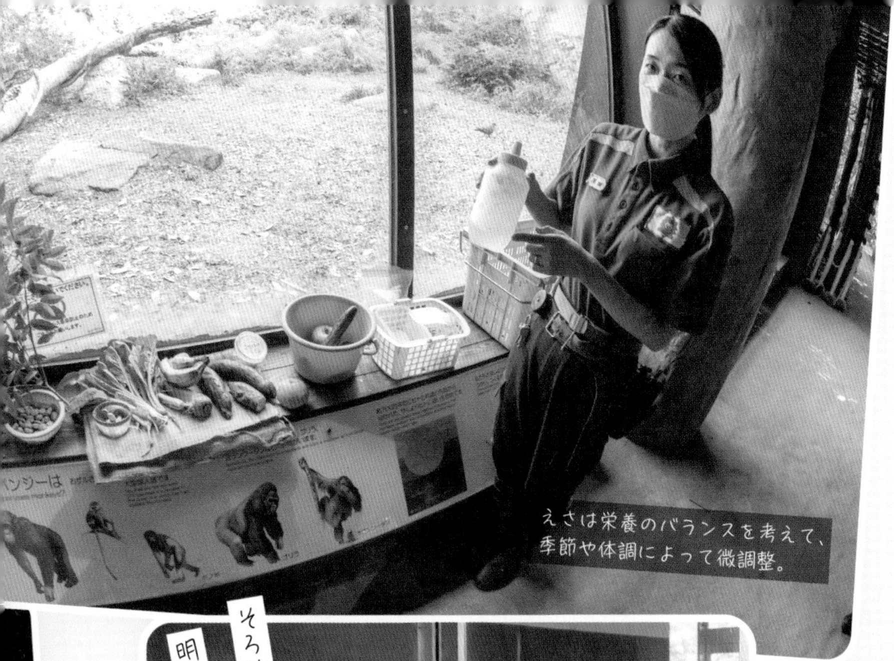

えさは栄養のバランスを考えて、
季節や体調によって微調整。

えさやりやトレーニングの
時間などに、生きものの様
子をまめにチェック。

小さい頃に通った動物園で働くという夢を叶えた

名前	マレーバクの飼育担当の **矢口**（やぐち）さん
現職	**横浜市立よこはま動物園ズーラシア　飼育展示係**
主な仕事内容	**生きものの飼育**（マレーバク、インドゾウ）
主な収入源	給料
生まれ	1992年
学歴	神奈川県立湘南台高等学校 東京動物専門学校
職歴	専門学校卒業後、横浜市緑の協会に就職。 パート職員→嘱託職員→固有職員になる。
資格	潜水士、飼育技師、普通自動車免許、危険物取扱者乙種免状、フォークリフト運転免許
趣味	野球観戦、筋トレ、映画鑑賞

バクはブラッシングが大好き！

マレーバク

＼私の目標は…／

動物はもちろん、周りの人から「この人に任せておけば大丈夫！」と信頼される飼育員になること。自分が担当した動物をより多くの人に知ってもらうこと。まずは、広く知ってもらい、興味を持ってもらうところから動物の保全につながると思います。

現職を志した理由

小学1年生のときにズーラシアが近所にオープン。遠足や休日に遊びに行っていました。そのときから「大きくなったらズーラシアで働く！」と勝手に決意。自分が小さい頃そうだったように、動物の魅力や感動をもらう立場から、市民に還元する立場になりたいと思い、動物園の飼育員を目指しました。

さまざまな動物園を経験する中で、飼育の方法や展示の違いについて学ぶことができました。大きい園は小さい園に比べ予算があるので展示に対して新しいことを提案しやすい、小さい園だと手作りの楽しさがあるなど、園ごとのやり方や楽しさも知れました。

現職につくまでの経緯

専門学校卒業後、パートタイマーとしてズーラシアの動物病院で1年間働く。嘱託職員として野毛山動物園で大池の生きもの・クジャク・ラクダ、傷病鳥獣を1年ずつ担当。固有職員として金沢動物園でタンチョウ・シロテテナガザル・コアラの飼育を担当。現在はズーラシアに異動し、インドゾウ・マレーバクの飼育を担当。

現職につくために努力したこと

筆記試験（公務員試験・一般常識・専門試験）の勉強。まずは試験を突破しないとその先の面接に進めないので。その企業（動物園）がどこに力を入れていて、どういう人材を求めているかを知る（企業分析が大事！）。採用情報を園ごとにこまめに確認しておく。

仕事のやりがい

自分の担当動物が繁殖したり、動物とのトレーニングや日々の飼育管理を通して信頼関係が深まること。今までできなかったことができるようになること。

バクは結構臆病な生きもの。ズーラシアのお母さんバクは特に神経質だったのですが、だんだんと信用してくれたようになり、最近はリラックスしてブラッシングさせてくれるようになりました！

生きもののお仕事につきたい若者や家族へのメッセージ

言葉が通じず、弱みを見せない野生動物の命を預かるという難しさや歯がゆさが常にあります。担当動物の体調が悪いときは休みの日に出勤することもあり、責任感がとても必要な仕事です。ですが、野生動物のぬくもりを近くで感じながら働くことができる仕事はそうそうありません。当たり前のように出るわけではない求人をしっかりキャッチして、狭き門を突破してください！

重いものを持ったり、暑い夏も寒い冬も飼育作業を行ったり…体力も必要！

大学時代は「動物園がヒトに与える影響」をテーマに研究

名前	チンパンジーの飼育担当の **深田**（ふかだ）さん
現職	**横浜市立よこはま動物園ズーラシア　飼育展示係**
主な仕事内容	**生きものの飼育**（チンパンジー、ジャングルキャンプの生きもの）
主な収入源	給料
生まれ	1985年
学歴	私立和洋九段女子高等学校 麻布大学 獣医学部 動物応用科学科 麻布大学大学院 獣医学研究科動物応用科学専攻 博士前期課程修了
職歴	横浜市緑の協会に就職
資格	普通自動車免許、中型二輪免許
趣味	舞台鑑賞、読書、クライミング、ペットたちのお世話

おやつは種類がいっぱい！

＼私の目標は…／

まずは自分の担当している動物が健康に暮らせるお手伝いができるよう、スキルアップが目標です。ひとつの動物をじっくり担当して極めたり、さまざまな動物を担当していろいろ勉強したりできたらいいなと思っています。

現職を志した理由

子供の頃より動物や動物園が好きで、飼育員にあこがれていました。

うさぎ、ハムスター、
犬、昆虫、ウーパールーパーなど、
生きものを育てるのが大好き。
飼育本が普及していなかったので、
試行錯誤する日々でした。
現在の職に
役立っているかも…？

現職につくまでの経緯

大学院を修了する際に就職試験に合格したので、新卒で採用されました。

大学、大学院では
動物の研究をする人が多かったため、
逆に「動物園がヒトに与える影響」を
テーマに来園者の立場から
研究を行っていました。
「動物園の役割や立場とは？」
は大事な視点だと思います。

現職につくために努力したこと

動物園の就職試験が一般教養、小論文以外に特殊な専門科目問題があったので、専門科目を中心に動物について幅広く独学で勉強しました。

海外の書籍を
読んだり、
インターネットで調べたり。
類人猿の飼育は
他園館さんとのつながりで
学ぶ部分も大きいです。

仕事のやりがい

毎日、動物達が健康に暮らせていることが何よりもうれしいです。また、日々新たな発見があるので楽しい仕事です。

生きもののお仕事につきたい若者や家族へのメッセージ

生きものを相手にした仕事は肉体的にも精神的にも大変なことが多いですが、日々新しい発見があり、動物好きならとてもやりがいのある仕事です。動物園で働くと動物と自分の関係だけでなく来園者の方々への教育普及活動や職場のチーム内の職員とのコミュニケーションなどさまざまな業務があります。多岐に渡る業務を行うタフさも必要だと思いますので、この仕事を志す方は責任感とタフさをもって、がんばってください！　ときには自分の命に関わることもあるので(ちょっとしたミスが重大な事故につながる)、ご家族も心配だと思いますが、応援してくださるとうれしいです。

どんなにすばらしい
取り組みでも、
来年以降に続かなければ
意味がありません。
新しいことに挑戦するときは
「持続できるのか？」
というのもポイントだと
思います。

シャチと泳ぐのが夢だったが、今ではパンダに夢中！

名前	パンダの飼育担当の **品川**（しながわ）さん
現職	**アドベンチャーワールド　飼育部ふれあい課**
主な仕事内容	**生きものの飼育**（ジャイアントパンダ）
主な収入源	給料
生まれ	1981年
学歴	宮城県第二女子高等学校 京都橘女子大学 文学部 文化財学科 AWS動物学院
職歴	2006年　アドベンチャーワールド（株式会社アワーズ）に入社
資格	潜水士、飼育技師、普通自動車免許、学芸員
趣味	旅行（世界遺産、動物園、寺社仏閣などを巡る）、 パンダの写真を撮ること

竹は1本ずつ洗います！

ジャイアントパンダ

＼私の目標は…／

「いつかアドベンチャーワールドで育ったパンダたちの子孫が野生に帰る日が来ること」、「今年30歳になるお父さんパンダの永明が世界最高齢のパンダになること」が夢であり目標です。

現職を志した理由

祖父母の家が港町にあり身近に水族館があったので、シャチと泳ぐのが夢でした。希望の学部に進めず、一度は夢をあきらめかけましたが、AWS動物学院のパンフレットにシャチの写真が載っていて「これだ！」と思い、大学を卒業後に専門学校へと進みました。

現職につくまでの経緯

1年目：サファリ課に配属。ケニア号乗場で接客やチケット販売、ワオキツネザルの飼育を担当。
2年目：ふれあい課に配属。馬やレッサーパンダを担当ののち、マーラやリスザルなど小動物を担当。
3年目：ジャイアントパンダを担当。
7年目：販売部でギフトショップを担当。
11年目：ジャイアントパンダの担当に戻る。

ごろごろリラックス～

仕事のやりがい

ジャイアントパンダの出産に立ち会い、子育てをサポートしながら赤ちゃんの成長を見守れたこと、希少な動物の繁殖研究に携われていることがとてもうれしく、誇りに思っています。日々の業務では、竹の味にこだわりがあるパンダたちが自分が採ってきた竹や選んだ竹を気に入ってくれたときはうれしいですし、お客様がパンダに興味をもってくれて質問に答えたりお話をしたりすることも楽しいです。

パンダを呼んだときに、振り向いたり寄ってきてくれたら、私のことを認識してくれているんだなとうれしくなることも（たぶんおやつのおかげだと思いますが…）。

生きもののお仕事につきたい若者や家族へのメッセージ

私は動物とは関係のない大学へ一度進学し、少し遠回りをして今の仕事につきましたが、今も大学時代の経験が活きています。飼育スタッフも絵や文章を書いたり工具で修理をしたり、イベントの考案や司会など、さまざまなことをしますので、気になることは経験しておくといいと思います。

大学では、京都の観光地を解説するサークル兼バイトをしていました。引っ込み思案な性格でしたが、人前で話をすることや人に何かを伝える力が身につきました。

名前	シロサイの飼育担当の **永井** さん
現職	**アドベンチャーワールド　飼育部サファリ課**
主な仕事内容	**生きものの飼育**（シロサイ、マレーバク、ゴールデンターキン）
主な収入源	給料
生まれ	1994年
学歴	2012年　大阪府立農芸高等学校 2014年　AWS動物学院卒業
職歴	2014年　アドベンチャーワールド（株式会社アワーズ）に入社
資格	潜水士、飼育技師、準中型自動車免許
趣味	旅行

トレーニングがんばろうね！

現職を志した理由

子供のときから動物が好きで、動物に関われる仕事として、自ずと飼育員を志した。

現職につくまでの経緯

動物に関わる仕事につきたいと考え、農業高校にて畜産（主に鶏）について学ぶ。高校時代の恩師からAWS動物学院の存在を教えてもらい、入学。卒業研究ではシロサイを学ぶ。アドベンチャーワールドに入社後は1年間、ギフトショップで勤務し、オリジナルグッズの作成やパーク内のイベントに参加。2015年6月より現部署に異動。2年間はツアーやアトラクションを主に担当し、同時に大型インコやイヌ、サル、猛禽類の飼育も行う。2017年7月より草食動物飼育担当になり、シロサイをはじめアフリカゾウ、マレーバク、ゴールデンターキンなどを担当する。

現在は岐阜大学の協力を得て、シロサイの繁殖に力を入れています。

現職につくために努力したこと

①資格の取得（MT運転免許、潜水士など）
②自分の夢（飼育員になりたい）を口に出して伝える

②を実践すると、自然とみんなが気にかけてくれます。飼育員とのつながりができたり、動物の情報や自身の経験を教えてもらえたり。今でも生かせる情報や人脈を得ることができました。

仕事のやりがい

①動物が元気でいること
②担当動物が自分（私）を認識してくれること
③ゲストに動物の魅力が伝わること

シロサイは表情が豊かでかわいい！群れで暮らす生きものなので、シロサイ同士のやりとり（苦手とか、好き！とか、怖いとか…）もおもしろいです。

生きもののお仕事につきたい若者や家族へのメッセージ

生きものの仕事には多くの種類があります。自分が気になるお仕事をしている方に話を聞いたり、自分自身もさまざまな経験をして、「生きものとどのような仕事をしたいのか？」を探してみてください。よく「狭き門だ！」と言われますが、門は必ずあります。みなさんが夢を叶えて輝く姿を楽しみにしています！

動物を保護したい、動物の世話をしたい、動物の研究をしたい…など、「動物のために何をしたいのか？」を考えると、道が見えてくるはず！

大学時代も現在も、ペンギンの魅力に取り憑かれています！

名前	ペンギンの飼育担当の **太田**（おおた）さん
現職	アドベンチャーワールド　飼育部マリン課
主な仕事内容	生きものの飼育（ペンギン）
主な収入源	給料
生まれ	1995年
学歴	常翔学園高等学校 東海大学 生物学部 海洋生物科学科
職歴	2018年　アドベンチャーワールド（株式会社アワーズ）に入社
資格	潜水士、飼育技師、普通自動車免許、学芸員
趣味	旅行、おジャ魔女どれみ、お酒

はい、並んで〜！

現職を志した理由

幼い頃から水泳をしていたこともあり、気づけば海洋生物に魅了されていました。多くの動物園や水族館を訪れるうちに「繁殖に取り組み、次世代に動物を残したい」と思うようになり、飼育員を目指しました。

特に好きだったのがペンギン。大学時代から就職後もず～っとペンギンのことを考えています！

現職につくまでの経緯

2018年4月　株式会社アワーズ入社
2018年6月　販売部ギフト課配属　ギフトショップで販売業務に従事
2019年6月　飼育部マリン課配属　ペンギン飼育担当となり、現在に至る

現職につくために努力したこと

海洋生物について学べる大学に入学し、ペンギンの遺伝系統についての研究を行っていました。バイト代を貯めて、長期休暇には多くの動物園や水族館を訪れたり、実習に行ったりしていました。

仕事のやりがい

飼育業務は、生きものの生死に関わるので責任感や不安に押しつぶされそうなことのほうが多いです。しかし、新たな取り組みや自分なりの行動が役立ち、生き生きと健康に暮らしているペンギンを見るとやりがいを感じます。

繁殖期は、ちゃんと食べているか、ペアリングがうまくいっているかなど、気を使うことがたくさん。無事に赤ちゃんが生まれると、とってもうれしい！

生きもののお仕事につきたい若者や家族へのメッセージ

どんな仕事をするにも一番大切なのは「思い」だと思います。生きものが相手では、うまくいかないことやしんどいこと、悔しいことがたくさんあります。「何がしたいのか？」「なぜしたいのか？」という自分自身の軸をしっかりもって行動すれば、いつか何かの形で実を結びます。がんばってください！

つばさが硬いのは、水をかくためなんですよ！

 都立動物園で希少動物の保全に従事する飼育員

名前	ヤマネコの飼育担当の**唐沢**(からさわ)さん
現職	**井の頭自然文化園　飼育展示係**
主な仕事内容	**生きものの飼育**（ヤマネコなど）
主な収入源	給料
生まれ	1970年
学歴	都立高校 青山学院大学
資格	飼育技師
趣味	スポーツ観戦（特にラグビーと野球）、海釣り、旅行

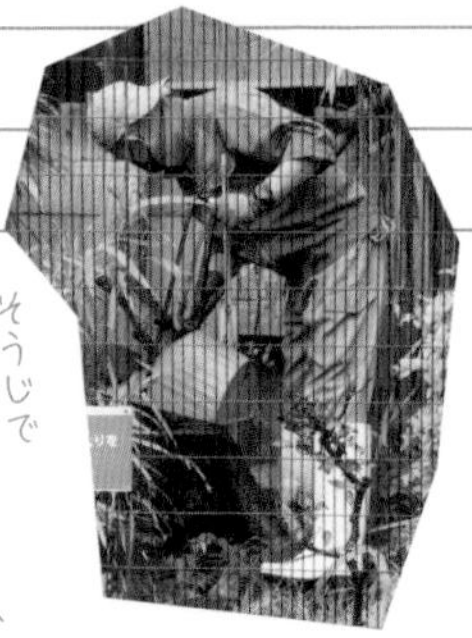

そうじでうんちを採取して、状態をチェック！

＼私の目標は…／

夢：井の頭自然文化園でコアラを飼育すること（多摩動物公園でコアラを飼育していた。JR中央線に乗ると、井の頭自然文化園のユーカリの木が見えるため、その木にコアラがいて電車からコアラが見れるとワクワクするだろうなぁ…！）

目標：井の頭自然文化園でツシマヤマネコとアムールヤマネコの保全に力を注ぐこと。

アムールヤマネコ

現職を志した理由

動物園という場所がどんなことをしているか、どんな社会なのかワクワクしたから。生まれ育った場所が自然や生きものに触れることが多い場所で、それらへの関心が高く、この仕事なら生きものたちと心を通わすこともできると思ったから。

当時は都庁の職員として、動物園職員を募集していた。大学の試験に受かったら、就職しないつもりでいたが、結局飼育員として働きながら夜間学校に通うことに。多摩ではコアラやキリン、ライオンなどを担当。井の頭に異動の希望を出し、それが通ったのは、多摩での仕事ぶりが認められたのかなと自信になった。

現職につくまでの経緯

多摩動物公園（25年）⇒井の頭自然文化園（8年目）

現職につくために努力したこと

本や新聞、テレビなどあらゆる動物や自然に関することに常時アンテナを張っていること。

面接の前日、新聞で東京の動物園の記事を読んでいた。それが面接のときに話題になって「よく知ってるね～」と感心された。

仕事のやりがい

生き生きとした動物たちの姿を来園者が観て、何かを感じてもらうこと。動物たちを通じていろいろな人に巡り合えること。また動物が生きていることを感じ、自分も生きていることを実感できること。

動物園では動物の悲しい姿を絶対に見せてはダメ。ワクワクするような展示で、生き生きとした姿を見せたいと思っています。

生きもののお仕事につきたい若者や家族へのメッセージ

生物に関心のある皆さんへ

自分の関心や興味、ワクワクすることは何なのかを五感で見つけてください。いつもそれらを探すような人生はきっと充実しています。皆さんの未来は開かれていますので大丈夫です。

ツシマヤマネコ

名前	リスの飼育担当の **大河原**（おおかわら）さん
現職	**井の頭自然文化園　飼育展示係**
主な仕事内容	**生きものの飼育**（リス、テン、カワウソ、ハクビシンなど）
主な収入源	給料
生まれ	1988年
学歴	カリタス女子高等学校 東京農工大学 農学部 琉球大学大学院 理工学研究科 博士前期課程 琉球大学大学院 理工学研究科 博士後期課程
資格	博士（理学）、普通自動車免許
趣味	読書、博物館めぐり、庭いじり

掃除中も足元をリスが駆け回る！

＼私の目標は…／

動物園・水族館が学びの場であるということが、世間一般のイメージとして当たり前になるような活動をしていきたい。

ニホンリス

みんな、ごはんだよ〜！

現職を志した理由

生きものを好きになったきっかけをくれた動物園水族館で、生きものの魅力を多くの人に伝えたいと思ったため。

現職につくまでの経緯

大学院に進学して研究を進め、アウトリーチにも取り組む中で、生きものの魅力を多くの人に伝えることに興味をもち、教育普及活動の充実している東京動物園協会を志望。葛西臨海水族園の教育普及係で嘱託職員として3年間働いたのち、正規職員として採用され、井の頭自然文化園の飼育展示係に配属。

フィールドで野生動物を調べることにあこがれていたので、大学ではツシマテンの研究をしていた。原点に戻って動物園に就職したが、あこがれのままだったら後悔していたかも。それに、この経験も活かせています！

仕事のやりがい

こちらの伝えたいことが来園者の方の口から自発的に出たときに、「伝わったんだ！」とうれしくなる。また展示している動物に対しても、こちらからはたらきかけたことに対して期待通りの反応が見られると、心の中でガッツポーズをしてしまう。

飼育も楽しいですが、私は「魅力を伝えること」に強く惹かれているかも。ラベルや解説文を考えたり、生きものの行動を引き出す展示を考えたりするのがおもしろい！

生きもののお仕事につきたい若者や家族へのメッセージ

生きものに関わる仕事はたくさんあります。また、そういった世界を知る機会（講演会や実習、ボランティアなど）も探してみると意外とたくさんあります。テレビやネットなどだけで知ったつもりになるのではなく、ぜひいろいろな世界に実際に飛び込んで、自分の世界を広げてみてほしいです。そうして選択肢を増やして吟味したうえで、自分の意志で道を選べば、後悔しないと思います。

生きものに対しても同じで、テレビやネットで生きものたちのことを知る機会はたくさんあるけれど、実物を見に動物園や自然の中へ足を運んでほしいです！

来園者と動物や自然を結ぶ架け橋になりたい

名前	動物解説員の山崎（やまざき）さん
現職	井の頭自然文化園 教育普及係 動物解説員
主な仕事内容	解説業務全般、ガイドツアーの実施や学校団体へ向けたプログラムづくり
主な収入源	給料
生まれ	1979年
学歴	東京農工大学 農学部 東京農工大学大学院 連合農学研究科
職歴	2013年　多摩動物公園　動物解説員 2019年　井の頭自然文化園　動物解説員
資格	博士（農学）、学芸員
趣味	登山、国内外の動物園の施設や展示手法を見てまわる、植物を育てる

手触りや匂いで動物を知るのも大事！

現職を志した理由

小学生の頃に家の近くに大きな動物園があり、放課後や週末に頻繁に通っていました。動物をじっくり見ているとたくさんの発見があり、「動物が世界をどう見ているのかを、どうしたら知れるかな？」と思ったのと同時に、「動物園で体感できるこのおもしろさを、もっとたくさんの人に伝えられる方法はないかな？」と思っていました。その後、紆余曲折ありましたが、今に至ります。

今でも動物園に行くのは大好き。海外の展示手法はどんどん進化していて、日本の展示もがんばらなければ…！

夢や目標

「動物解説員」という仕事を探りながら続けているところです。動物園という場所で、たくさんの子どもや大人のひとたちと、動物や自然を結ぶ架け橋になれるといいなぁと思っています。そしていつか納得のできるガイドができるとよいですが、まだまだ道のりは長そうです……

動物解説員の仕事は「どう見るか」「何を見るか」など、動物を見るときの視点を増やすのをサポートすること。だからこそ、来園者の方が自分で考えて発見した場面に出会うと、本当にうれしい！

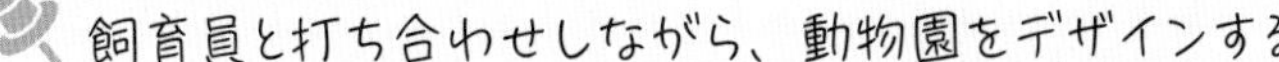

飼育員と打ち合わせしながら、動物園をデザインする

名前	動物園のデザイナーの **北村**（きたむら）さん
現職	**井の頭自然文化園　教育普及係** **（フリーランスのデザイナー兼イラストレーターとしても働いています）**
主な仕事内容	**動物園に関わるデザインの仕事、出版物の制作**
主な収入源	給料（動物園）、デザインやイラスト料（フリーランスの収入として）
生まれ	1975年
学歴	多摩美術大学美術学部油画専攻 卒業後同大学の工芸科陶芸研究生として１年在籍
資格	中学校教諭一種免許状（美術）、 高校教諭一種免許状（工芸・美術）
趣味	本屋で本や雑誌を買うこと

落ち着いたデザインを心がけています。

現職につくまでの経緯

文化園で働き始めたきっかけは、ツシマヤマネコを紹介する企画展に関わることになった友人の画家・笛田亜希さん（吉祥寺駅「はな子像」の原型作者）のサポートでデザインを担当したことから。当時の教育普及係長は「動物園にはインハウスデザイナーが必要」と考えていた。それまで国内には事例はなかったようで、係長から欧米の動物園や水族館のデザインの話を聞いているうちに、もっと一緒に何かを作りたいという気持ちになって、あっという間に15年が過ぎた。

インハウスデザイナー（デザイン事務所に外注するのではなく、企業や会社がデザイナーを抱えること）は少しずつ増えているみたい。動物や園のことをよく知る人がデザインしたほうが、伝わりやすくなるし、もっと増えてほしい！ 継続的にデザインすることで、統一性が出るし、園らしさが生まれると思う。

生きもののお仕事につきたい若者や家族へのメッセージ

大学卒業後、インテリアの仕事や、企業のお客様窓口の対応など、いろいろなバイトをした。前者は展示物のレイアウトや来園者の動線を考えること、後者は飼育担当者から思いや考えを聞き出すことなど、結構役に立っているなぁと思う。

生きものと関係ないことにも、ぜひチャレンジしてほしい。遠回りに見えることでも、のちのち役に立つことがたくさんあるよ！

名前	チンパンジーの飼育担当の **河本**（かわもと）さん
現職	**多摩動物公園　飼育展示課　北園飼育展示係**
主な仕事内容	**生きものの飼育**（チンパンジーなど）
主な収入源	給料
生まれ	1994年
学歴	滋賀県立水口高等学校 大阪コミュニケーションアート専門学校ECO（現：大阪ECO動物海洋専門学校）　動物園動物飼育専攻
職歴	2014年　上野動物園　アルバイト 2016年　多摩動物公園　嘱託職員、2021年　正規職員
資格	普通自動車免許、小型建機

現職につくまでの経緯

上野動物園のバイト時代は、子供動物園でウサギやモルモット、ヤギ、ウマなどの飼育の手伝いや、ふれあいイベントなどを担当しました。多摩動物公園に来てからの6年間では、シカ、ノウサギ、ノネズミ、クマ、インコ、ヤギ、サイを飼育担当。日々の健康管理や繁殖への取り組み、キーパーズトーク等を行っています。現在はチンパンジーを担当。

仕事のやりがい

担当動物が健康に過ごしているとき。担当動物の魅力を引き出せたとき。自ら考えた展示の工夫やトークでお客さまに動物の魅力が伝わり、楽しんでもらえたと実感したとき。

歴代担当者が積み上げてきたことが成功し、その一員として携われたとき（例：繁殖など）。

就職後、「生きものとどのように関わって仕事がしたいか」を考えさせられた出来事がありました。それは「動物が好き？それとも動物園が好き？」と問われたことです。私の答えは「動物も動物園も好き」でした。そのとき改めて「動物園を通して動物の魅力を伝えたい」という思いが強いと実感しました。

夢や目標

動物園には遠足や散歩、動物が見たくて…など、さまざまな理由で来園する方がいらっしゃいます。そのような方々が動物に興味や関心をもち、生きものの暮らす環境について考えるきっかけを作り続けたいです。

爬虫類の研究者を目指していたけれど、動物園でほ乳類も好きになった

名前	いろいろな動物の担当の **坂田**(さかた)さん
現職	**上野動物園　飼育展示課　東園飼育展示係長**
主な仕事内容	**飼育展示係の統括**
主な収入源	給料
生まれ	1977年
学歴	東京水産大学 水産学部 資源育成学科 京都大学大学院 理学研究科 博士前期課程 京都大学大学院 理学研究科 博士後期課程単位取得退学
職歴	2007年より東京動物園協会の職員になる
資格	飼育技師、普通自動車免許、学芸員

現職につくまでの経緯

小さい頃から動物が好きで、ボウフラを観察したり、オタマジャクシを育てたり、カナヘビを飼ったりしていました。魚も好きだったので、東京水産大学（現東京海洋大学）に進学し、増養殖に関する学科で学びました。卒業研究では一番興味のある爬虫類をテーマにしようと、国立科学博物館の研究部に出入りしてトカゲの大腿部について卒論を書きました。爬虫類の専門家がいる大学院に進学したほうがよいとアドバイスをもらい、1年の浪人を経て京都大学大学院理学研究科に進学しました。

学生時代はコンビニ、ホームセンター、塾講師、**野生生物調査**（齧歯類、オオサンショウウオ）など、いろいろなアルバイトをした。

現職につくために努力したこと

研究職が第一志望だったので、一般的な就職のための努力は何もしませんでした。私の研究室には、ほ乳類や鳥類の研究者もいたので、爬虫類以外の情報を得る機会が多くありました。いろいろな動物の研究者と交流し、時間も気にせずに議論した経験は現在の仕事にも役立っていると感じます。

夢や目標

私はもともと爬虫類や両生類が好きでしたが、動物園で働き始めてからはほ乳類、鳥類もおもしろいと思うようになりました。今の仕事を通して、野生動物の多様性や精巧さを一緒におもしろがってくれる人を増やしていきたいです。

 いろいろなものに熱中した経験が現職に活きていると感じる

名前	両生類の飼育担当の**仁ノ内**（にのうち）さん
現職	**KawaZoo　飼育員**
主な仕事内容	**生きものの飼育**（両生類、爬虫類など）
主な収入源	給料
生まれ	1998年
学歴	岡山龍谷高等学校 広島大学
職歴	大学卒業後、有限会社レップジャパン（KawaZoo）に入社
資格	普通自動車免許、学芸員
趣味	映画鑑賞、フィールドワーク

＼私の目標は…／

来館者様とやりとりをしてみると、当館のメインとなるカエルは私たちの生活のすぐ近くにいるのですが、なじみがなく「怖いもの」「苦手なもの」と思っている人が多いと感じています。当館に訪れてカエルを少しでも好きになってくれる人が増えたらよいなと思っていますし、展示やレイアウトをもっと工夫して楽しんでいただけるようにがんばりたいです。

ミヤコヒキガエル

水槽の植物もきちんと手入れします

現職を志した理由

両生類をはじめとする生きものが好きだから。

現職につくまでの経緯

幼少期からカエルが好きだったので、両生類研究センターで学びたいと思い広島大学に進学。広島大学いきもの会に所属し、さまざまな場所でのフィールドワークやオオサンショウウオの保護活動等に参加。在学中、両生類研究センターで主にリュウキュウカジカガエルの飼育や研究補助の技術補佐員（アルバイト）をしていた経験から、KawaZooに入社。

現職につくために努力したこと

とにかく、両生類の飼育や研究に関する仕事がしたかったので博物館でも動物園でも水族館でも働けるように学芸員資格、潜水士免許、ダイビングライセンス、パソコン操作に関する資格など、仕事に活かせそうなものはすべて取りました。

知識をつけるために、学会に参加したりシンポジウムに足を運んだりも！

新しい種の繁殖が上手くいくとうれしい！外部の施設の方に飼育のアドバイスをすることもあり、経過良好の報告をもらうと安心します。

仕事のやりがい

受付をしていると、来館者様から「とても楽しかった！」「とてもおもしろかった！」と言っていただくことがあり、うれしいです。

生きもののお仕事につきたい若者や家族へのメッセージ

私自身が何にでも興味をもつことと、両親がかなり自由にさせてくれていたので、生物のことだけではなくて音楽や美術やスポーツなど、いろいろなものに熱中して過ごしてきました。その中で小学生くらいから博物館で働きたいなと漠然と考えるようになり、今の仕事をしています。飼育員といっても、飼育作業ができたらよいというわけではなく、いろいろなものに興味をもって触れた経験が、仕事に活きていると感じる場面も多いです。自由な時間を大切にして、楽しみながらチャレンジしてください。

農業高校から専門学校へ進み、爬虫類がいちばん好きだと確信！

名前	爬虫類の飼育担当の **渡部**（わたなべ）さん
現職	**体感型動物園iZoo　飼育員** **動物園予備校アニマルキーパーズカレッジ　統括総務主任**
主な仕事内容	**生きものの飼育**（爬虫類、鳥類、ほ乳類） **予備校での講師活動**
主な収入源	給料
生まれ	1996年
学歴	愛知県立安城農林高等学校 名古屋コミュニケーションアート専門学校 エコ・コミュニケーション科 動物園動物飼育専攻
職歴	2016年　有限会社レップジャパン（体感型動物園iZoo）に入社 2022年　iZooで飼育員として働きながら、動物園予備校アニマルキーパーズカレッジにて講師活動を行う
資格	中型自動車免許、愛玩動物飼養管理士、狩猟免許
趣味	動物の飼育、狩猟、バイク、映画鑑賞

じつは、すべすべなんですよ～

＼私の目標は…／

動物の仕事で、特に飼育という分野は正解がない分、終わりがないもので、それがこの分野の魅力でもあるかなと思っています。今後も動物に関する多くのことを知り、経験していきたい、極めていきたいなと考えています。そして、iZooでもそれらのスキルを活かして、よりよい飼育・展示を行っていけるようにしたいです。

タンチョウ

現職につくまでの経緯

いろいろなペットを飼っているのが周囲でも有名で、高校進学時に農業高校を勧められる。農業高校では畜産や愛玩動物の知識や技術を学ぶも、将来は動物園で働きたいという意思がかたまり、動物の専門学校へ進む。専門学校では、生きものの中でもひと際、爬虫類が好きなのを再確認し、爬虫類を専門に扱うiZooを第一志望にする。入社後は、爬虫類のほか、タンチョウなどの鳥類やデバネズミなどのほ乳類など、幅広い種類の動物の飼育を行う。

お客様への展示も
他にはない斬新な方法を採用するなど
「日々進化する動物園」
というコンセプトが自分にはまり
iZooを第一志望に。

現職につくために努力したこと

学生のうちは「失敗はよい経験。一度経験すれば二度目は失敗しない！」とポジティブに考えるようにしました。成功したときは「次はそれを越える結果を！」とさらに前向きに。

時間や体力面で
多少きつくてもトライ。
できることを増やす努力を
していました。

仕事のやりがい

iZooは希少種の飼育展示や繁殖を積極的に行っていますが、情報や飼育データが少なく苦労することも。繁殖に成功したときは、手探りで生きものに合った環境を作り、挑戦してきたことに動物が応えてくれたような気がしてうれしいです。また、今まで爬虫類を触ったことのないお客様が、爬虫類たちの生態に興味をもってくれたり、爬虫類をより好きになってくれたりしたときは、とてもうれしく、やりがいを感じます。

当園のキャッチフレーズは
「見て！　触れて！　驚く！」。
常時生きものと触れあう機会を
提供しているため、
お客様とお話しできる機会も
多いのです。

生きもののお仕事につきたい若者や家族へのメッセージ

“「好き」を仕事に”学生時代に聞いて感銘を受けた言葉ですが、実現するのは簡単ではないと感じています。周りの人の中にも「これを仕事にすると『好き』ではなくなってしまう」と、動物関係の仕事を選ぶのをやめた人もいました。動物の仕事は「3K（キツイ・臭い・汚い）」とも言われ、決して動物をめでていればいいだけの仕事ではないです。それでも「好き」をつらぬける人が、生きものの仕事につけて楽しく続けられるのかなと思っています。

爬虫類好きアイドル“はちゅドル”として魅力を発信！

名前	爬虫類の飼育担当の **高松**（たかまつ）さん
現職	体感型動物園iZoo　応援隊長 動物園予備校アニマルキーパーズカレッジ　講師 タレント
主な仕事内容	生きものの飼育（爬虫類）、予備校での講師活動 タレントとしてYouTubeやイベントに出演
主な収入源	活動料
生まれ	1991年
学歴	文教大学付属高等学校 昭和音楽大学
職歴	2012年　株式会社ワタナベエンターテインメントにタレントとして所属 2015年　体感型動物園iZooにて応援隊長に就任 2016年　エーエムシー株式会社（タレント事務所）へ移籍 2019年　株式会社Nixtleを設立 2020年　動物園予備校アニマルキーパーズカレッジにて講師活動を始める
趣味	生きもの観察、教育番組を観ること

間近で見ると、かっこよさ倍増ですよね！

現職につくまでの経緯

タレント活動のかたわら、プライベートでさまざまな動物園に足を運び、SNSで生きものの魅力を発信していました。爬虫類が特に大好きで、iZooには虜になってSNSで連投。たまたまその記事を見つけてくださった白輪園長から「何か一緒にできないかな？」と声をかけていただきました。そこで思いついたのが、爬虫類好きアイドルの“はちゅドル”。マネージャーを押し切って（爬虫類はアイドルのイメージ戦略的には大反対されていました）、活動を表明、iZoo応援隊長に就任しました。

はちゅドルの活動は主に、イベント・メディア出演・爬虫類雑誌の連載といった、生きものの魅力を伝えるもの。その後、iZooで飼育の仕事も勉強し、バックヤードの世話やふれあいコーナーを担当させていただくことになりました。

仕事のやりがい

iZooは爬虫類がメインの動物園ですが、なかには、爬虫類が苦手なお客様もいらっしゃいます。そんな方が、私とのお話の中で爬虫類に興味をもってくださり、少しでも魅力に気づいてもらえると、とてもうれしいです。

爬虫類好きを突き詰め、
ついには爬虫類メインの動物園を運営するまでに！

名前	体感型動物園iZooの園長 白輪（しらわ）さん
現職	体感型動物園iZoo　園長
主な仕事内容	動物園の運営管理
主な収入源	役員報酬
生まれ	1969年
学歴	静岡県立静岡農業高等学校
職歴	有限会社レップジャパンを起業
資格	中型自動車免許、一級小型船舶、狩猟免許
趣味	爬虫類収集

テレビのニュース番組で爬虫類の解説中！

現職を志した理由

爬虫類好きが高じて。

イグアナとワニが特に好き。

動物輸入商の経験から『動物の値段』（角川文庫）という書籍を執筆。

現職につくまでの経緯

爬虫類を中心とする動物輸入商を開業し、その延長で起業。2012年に動物園を買収し、園長に就任。動物園（iZoo、KawaZoo）の運営管理を行う。

現職につくために努力したこと

好きなことをやり続けた。

仕事のやりがい

毎日が新発見。繁殖に成功した瞬間。

当園では、希少な種も繁殖がうまくいっているほうだと思う。手をかけすぎない、世話をしすぎないのがよいのかも。

生きもののお仕事につきたい若者や家族へのメッセージ

とにかく生きものを好きになり、覚えること。「好きこそ物の上手なれ」で、好きなことを続けることが一番の早道。続けていれば夢は叶うし、何かが起こる。何をやるにしても他人に負けない気持ちが大切。

夢や目標

爬虫類に偏見がなくなる世の中を目指すこと。

爬虫類に関する知識を求められて、テレビ等のメディアに出ることも。

column

飼育員さんの一日

水族館や動物園の飼育員は生きものと触れあえる職業として人気ですが、じつは、えさづくりや水槽の管理、そうじ、生きものの解説、事務作業など、その仕事内容はさまざま。ここではその一例として、水族館の飼育員の一日をご紹介します。

開館前

- 生きものの記録を確認（前日の記録や申し送り事項で、変化や注意点を確認しておく）
- 水槽の水温や水質のチェック（いちばん大事な作業！）
- 打ち合わせ（飼育員同士で生きものの情報共有など。取材に関する打ち合わせや、館外の業者とのやり取りなどもある）
- えさづくり（ひとりでいくつも水槽を担当することが多い。イルカなどのほ乳類は食べる量が多く、どちらにしてもえさづくりは大量！）
- 水槽のそうじ（カワウソなどのほ乳類は寝室と展示室が違うため、展示室へ出してから寝室をそうじする）

バックヤードにも生きものがたくさん！　えさやりは時間のかかる仕事のひとつ

開館から昼まで

- えさやり（担当する水槽が多いと午後までかかる場合もある）
- 生きものの解説（イルカやカワウソなど、トレーニングをしながら解説することも）

（昼休み）

昼から閉館まで

- えさやり（バックヤードの生きものにもえさをやる）
- えさづくりの準備（調理室のそうじや、翌日のえさの搬入、整理など）
- 水槽の水温や水質のチェック（一日に数回チェックして記録する。濾過関係は定期的に大そうじする）
- 生きものの解説
- 水槽のそうじ（大きな水槽は潜水してそうじ。展示室へ出していた生きものは閉館前に寝室へ戻し、展示室をそうじする）
- 生きものの記録をつける（えさをよく食べたか、様子に変化はなかったかなど、気づいたことは細かく書き記す）
- 事務作業（えさの発注など）

トレーニング中に体を触ったり、口を開けてもらったりするのは、健康管理や病気の治療に役立てるため

業務終了！

- 生きものの体調が悪くなったり、出産直前だったり、機材に何かトラブルがあったりすると、夜も出勤します……！

2章

生きものの健康を守る仕事

この章では獣医師や、獣医師の仕事をサポートする動物看護スタッフなど、生きものをケアし健康を守る仕事を紹介します。生きものの健康だけでなく、ときには命を預かる仕事もあり、責任感をもつことや動物について学び続ける姿勢が重要となる仕事が多いです。

獣医師

獣医師といっても仕事の形態はさまざまで、街で営業する動物病院の開業医や勤務医、動物園や水族館に勤め、魚から大型動物まで施設の動物すべての健康を守る獣医、牛や馬などの大型動物を診る畜産系の獣医などがあります。また動物の医療に関わる以外でも、公務員として食品や感染症に関わる公衆衛生の業務でも活躍することがあります。

一般的な動物病院では、犬や猫などの身近なペットを専門に診る動物病院、ウサギや爬虫類・両生類などの少し変わったペットを診る動物病院、また開業し犬や猫などを診る一方で野生動物も診る獣医など、獣医師によって経営方針はさまざまです。

動物病院に勤める獣医師の主な仕事は、治療に来た患者（動物）の治療や飼育＆健康アドバイス、予防接種など。変わったところでは、飼育するために登録が必要な特殊な動物へのマイクロチップの埋め込みなどの業務があります。地域自治体や環境省などからの依頼で、傷ついた野生動物の治療を行うこともあります。収入面では、ペットを専門に見る開業医さんは、一般的には高収入で同年代の平均を超える人がほとんどですが、そこに勤める勤務医は（勤務する病院次第ではありますが）激務のわりには給料はそれなり……といった印象です。開業医の中でも野生動物を積極的に受け入れている病院の先生や、多頭飼いや野猫などの社会問題に取り組む先生は、ボランティアで治療を行うことも多いので、収入面では少し厳しいように思います。動物園や水族館の獣医師は、飼育員とそれほど変わらない待遇です。

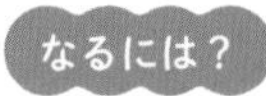

獣医師になるには、獣医学部で6年間学び、国家試験を受け獣医師免許を取得する必要があります。獣医学部は全国にありますが、国立・私立大学ともに倍率は高い傾向にあり、合格には高い学力が必要です。

動物病院スタッフ（動物看護スタッフ）

動物看護スタッフは動物病院には欠かせない人員で、仕事は治療の準備や動物の保定などのお手伝い、尿や血液などの検査、投薬の処置、入院動物の管理など多岐に渡ります。受付業務を兼務する場合も多いようで、動物の取り扱い以外にも来院される飼い主さんとのコミュニケーションが必要となる仕事です。2022年から国家資格となった「愛玩動物看護師」（P.103）を有すれば、採血やマイクロチップの挿入ができるようになるなど、資格の有無で仕事の内容に違いが出てくるようです。命を預かる重要な仕事であるため、体力や精神力が必要で、病院によって待遇・賃金の差が大きいのが現状です。

なるには？ 2022年に愛玩動物看護師法が施行され、2023年より愛玩動物看護師国家試験が実施されます。そのため今後、愛玩動物看護師として就職するためには、愛玩動物看護師を養成する大学や養成所などで勉強をした後、国家試験を受ける必要があります。

そのほか

●ホースマッサージセラピスト

乗馬や競走馬の体をマッサージをすることで馬の心身をケアするホースマッサージセラピストは、日本・海外問わずさまざまな団体で資格認定を行っていますが、馬のマッサージ自体は日本ではあまり浸透しておらず、技術や資格を持っていても仕事として成立させるのは難しいのが現状です。馬関係者への地道な営業が必要になります。

●装蹄師（そうていし）

主に馬のひづめを削り、蹄鉄（ていてつ）をつける専門的な仕事です。蹄鉄をつけることによりひづめの保護はもちろん、走ったり障害を飛び越えるなどの馬の動きをサポートすることができます。装蹄師になるには、装蹄教育センターにて1年間学んだ後、認定装蹄師の資格を得る必要があります。その後は装蹄師の元で修行をし、おおよそ10-15年で独立・開業するのが一般的なようです。力仕事が多く、男性の割合が高い職業でもあります。

生きものの健康を守る仕事を見学！

口の中を見せてね！

水族館や動物園の獣医師の仕事は、
飼育員の協力なしでは進まない！

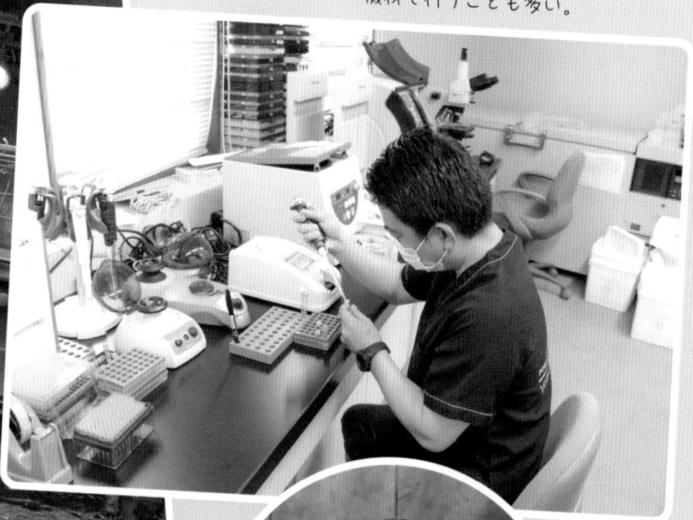

血液検査などは、水族館や動物園の機材で行うことも多い。

水族館や動物園には生きものがいっぱい。生きものによって治療方法が違って、必要な知識も大量！

うん、今日も元気そうだね！

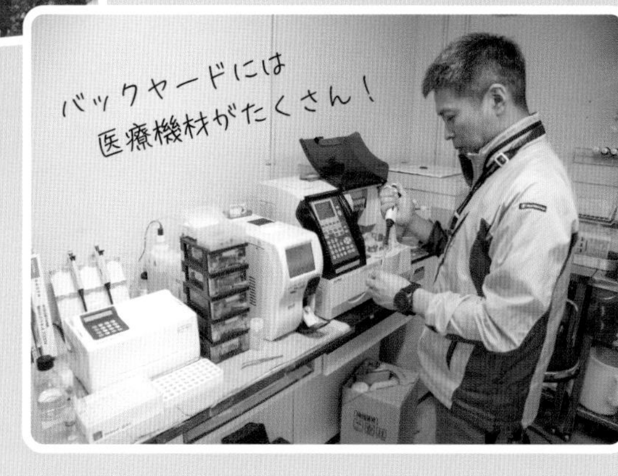

バックヤードには医療機材がたくさん！

野生の生きものを保護・治療する
動物病院もある。

動物病院では、獣医師とスタッフが協力して生きものの治療をする。

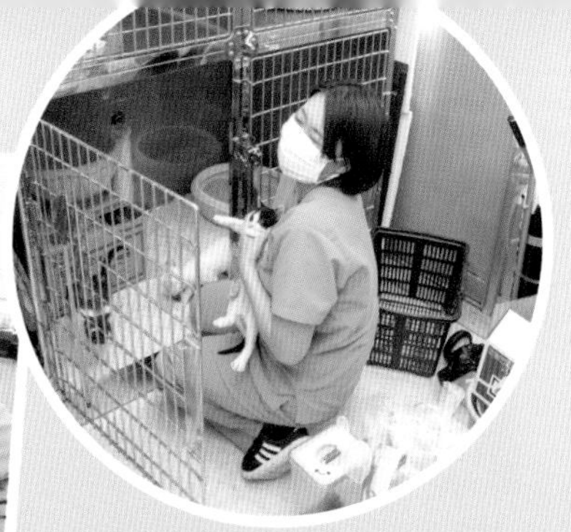

治療の補助、生きものの世話、受付、事務作業。スタッフの仕事はいろいろあって大変！

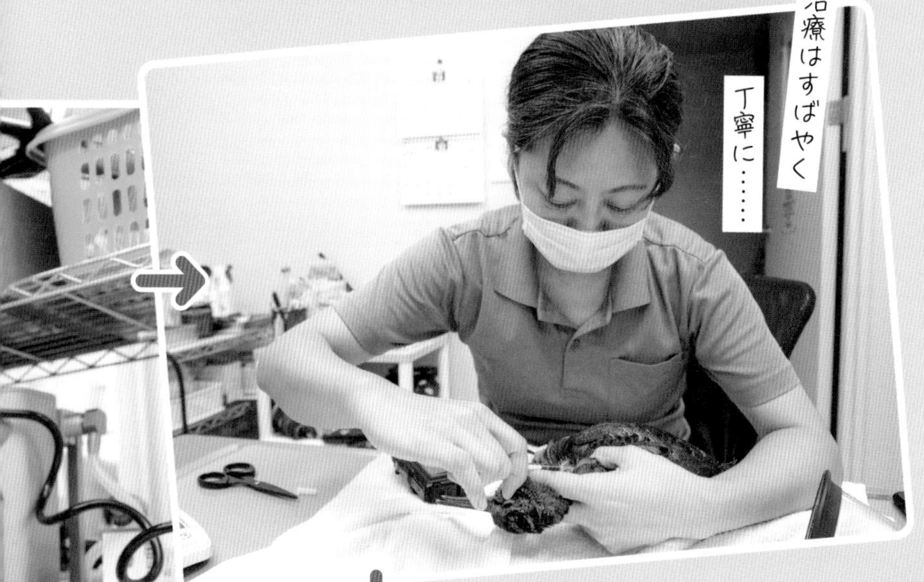

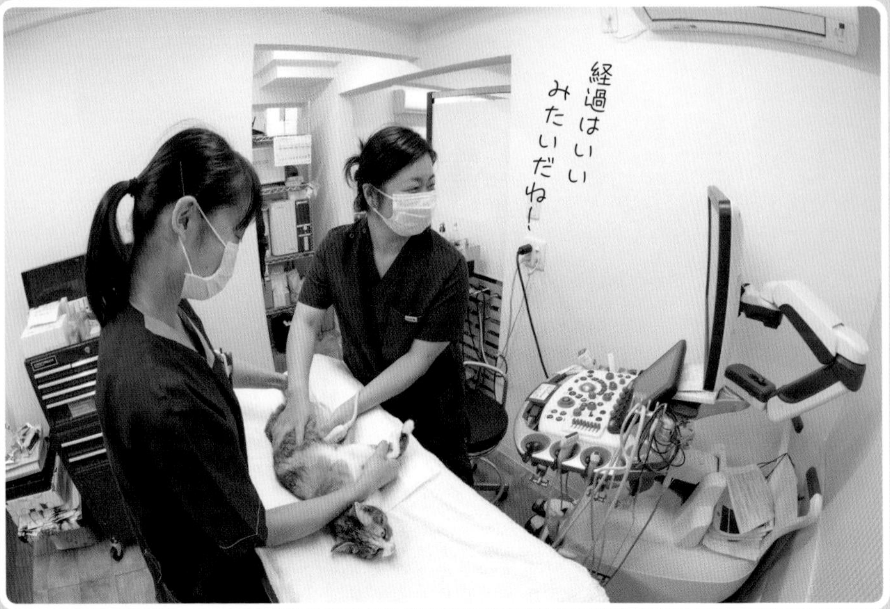

経過はいいみたいだね！

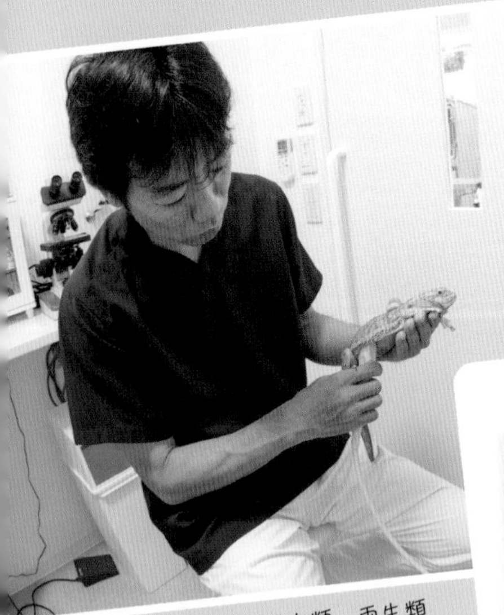

動物病院で働きながら生きものを研究する獣医師も多く、治療方法は日進月歩。

犬猫やうさぎ、爬虫類、両生類など、最近は動物病院の診療対象が増えて、豊富な知識を必要とされることも多い。

馬のひづめを手入れ中……

装蹄師の仕事は、馬のひづめを手入れし、蹄鉄をつけること。

どう？ 調子はよくなったかな？

ホースマッサージセラピストは、マッサージをして馬の調子を整えます。

名前	水族館の獣医師の **曽根崎**（そねざき）さん
現職	**鳥羽水族館　飼育研究部**
主な仕事内容	**生きものの飼育**（ジュゴン、マナティー、ペリカン） **獣医師として生きものの診察・治療**
主な収入源	給料
生まれ	1989年
学歴	滋賀県立膳所高等学校 帯広畜産大学 畜産学部 獣医学
職歴	卒業後、動物病院に3年間勤務。その後鳥羽水族館へ
資格	獣医師免許、潜水士
趣味	登山、ランニング

痛風の治療中… ちくっとがまんしてね…！

＼私の目標は…／

水族館に暮らす生きものたちが心地よく過ごしていけるようにサポートしていきたいです。また、ジュゴンやマナティー、鳥羽水族館の魅力を多くの人に伝えていきたいです。

バイカルアザラシ

現職を志した理由

小さい頃から海牛類が好きで「それに間近で関わることのできる水族館で働きたい！」と思いました。

鳥羽水族館の
ジュゴンを見たのが
きっかけです！

現職につくまでの経緯

水族館や動物園の獣医といってもなかなか募集がないため、それならいっそ小動物臨床でしっかり勉強しようと思い動物病院に入社しました。5年間くらいはどっぷり小動物臨床にひたろうと覚悟していましたが、3年目で鳥羽水族館の獣医が募集されたため「ラストチャンスだ！」と思い応募し、無事に入社が決まりました。

飼育員をしながら、
獣医としても働く…
という仕事内容で、
生きもの好きの
私にとっては
ちょうど
よかったかも！

現職につくために努力したこと

それが自分のやりたいことに直接関わる仕事でなくとも、与えられた仕事にまずはひたむきに向き合うようにしました。何かに一生懸命になり、それに取り組んでうまくいくという成功体験が自信にもつながったと思います。また、さまざまな場所に研修に行ったり、いろんな方に話を聞いたりしたことも今につながっていると思います。

仕事のやりがい

出産に立ち会えたときは、感動的でした。人工保育で育てた子たちが、無事に育ってくれたときもとてもうれしいです。

獣医は、
普段お世話をしていない
生きものに触れあえるのも
よいところ。

生きもののお仕事につきたい若者や家族へのメッセージ

「生きものに関わる仕事」といっても、それは人間とは切り離せないものです。ひたむきに好きなことに取り組むことも大事ですが、すこし違う目線でさまざまなものに取り組んでみることも、いつか自分のもとにかえってきてくれると思います。

狭き道を目指す人は
みんながんばっているはず。
だからこそ、
回り道で得た経験が
じわじわ効いてくると
思いますよ！

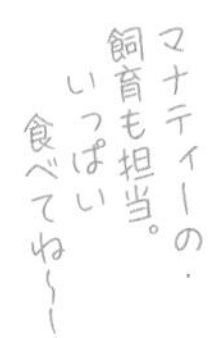

イルカとスタッフの姿にあこがれ、海生生物の獣医師になることを決意

名前	水族館の獣医師の **神尾**（かみお）さん
現職	**名古屋港水族館　獣医師**
主な仕事内容	**獣医師として生きものの診察・治療**
主な収入源	給料
生まれ	1983年
学歴	インドネシア日本人学校中等部 桐光学園高等学校 鳥取大学 農学部 獣医学科
職歴	2010　Dolphins Pacific Inc. Republic of Palau　獣医師兼トレーナー 2018　オリックス水族館株式会社 京都水族館　獣医師兼トレーナー 2020　名古屋港水族館　獣医師
資格	獣医師免許、潜水士、普通自動車免許
趣味	ゲーム

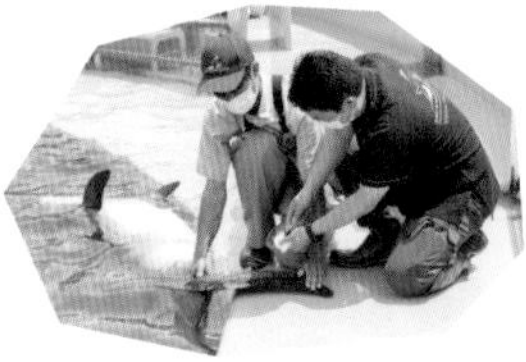

飼育員さんと協力して採血中…

＼私の目標は…／
海生生物医療のエキスパートになること。スタッフと情報や技術を共有し、できうる最大限の医療を実施すること。

ヒレシャコガイ

現職を志した理由

中学生のときにインドネシアに在住していて、飼育していたスローロリスが体調を崩したとき、動物病院で「エキゾチックアニマルは診断できない」と言われたため、どんな動物でも治せる獣医になりたいと感じ、獣医師を目指しました。その後、最も興味があり、守りたい動物は何だろうと考え、昔から好きだった海にすむ動物を治せるようになりたいと思い、海生生物の獣医師を志しました。

幼児期から
ディビッド・アッテンボローの
自然番組が好きでした。
特に海の生きものが大好きで、
旅行先はほとんど南国の海。
はじめは野生動物の
研究者になりたかったんです。

現職につくまでの経緯

大学5年生の夏、パラオ共和国のイルカの飼育施設「Dolphins Pacific Inc. Republic of Palau」へ遊びに行き、そこでイルカと一緒に働いているスタッフにあこがれ、この施設で獣医師として働きたいと感じました。同施設で1か月の研修をし、面接後、内定をいただきました。8年間の就業中に、IAAAM（国際水生生物獣医学会）やIMATA（国際海生動物トレーナー学会）での複数回の発表を経て、海外の海生生物の獣医師とつながりをもつことができました。その後さらに経験を積むために、オリックス京都水族館に転職。2年の就業後、治療と並行して研究活動にも力を入れたいと強く感じるようになり、多くの研究活動実績のある名古屋港水族館への転職を希望しました。

獣医学科入学時は
野生動物に関わる仕事をと
思っていましたが
「あまり現実的ではないのでは？」
「小動物臨床のほうがいいのでは？」
と、途中から悩み始めました。

現職につくために努力したこと

海洋生物医療は新しい知見が毎年のように更新されるため、海外の論文や学会に積極的に触れ、情報をアップデートしました。また、その内容をスタッフと共有し、アレンジして実施しました。

今でも海外の獣医師とも、
連絡を取り合っています。
先日も治療方法の相談に
乗りました。
私もアドバイスを
もらったりしています。

生きもののお仕事につきたい若者や家族へのメッセージ

生きものとの仕事は、わからないことが多く、苦悩することが多々あります。その分やりがいのある仕事です。やりたいと思えたことを、自分の仕事とできることはすばらしいことだと思います。自分の選択に自信をもって踏み出しましょう！　きっとうまくいきます！

水っぽい生きものと縁があり、最後には水族館の獣医さんに行き着く

名前	水族館の獣医師の **伊東**（いとう）さん
現職	**海遊館　飼育展示部　海獣環境展示チーム　獣医師**
主な仕事内容	**獣医師として生きものの診察・治療**
主な収入源	給料
生まれ	1974年
学歴	岩手大学 農学部 獣医学科
職歴	1999年　大阪ウォータフロント開発株式会社（現　株式会社海遊館） 飼育展示部　海獣環境展示チーム 2006年　飼育展示部　魚類環境展示チーム 2015年　ニフレル事業部　展示計画チーム 2017年　飼育展示部　海獣環境展示チーム
資格	獣医師免許、潜水士、中型自動車免許（8t限定）、飼育技師
趣味	温泉巡り

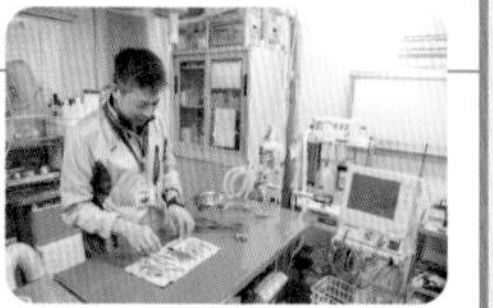

診察室にはいろいろな器具があります

＼私の目標は…／

海遊館をランクアップさせたい。地球環境の悪化に伴い、野生生物の生息環境が失われています。この問題に対して、水族館が積極的に貢献することが期待されており、実際やれることはたくさんあると思います。海遊館が野生生物を含めた環境保全に積極的に関わることは、まわりまわって皆さん一般の方々に貢献できることだと思っています。

ゴマフアザラシ

現職を志した理由

希少な生物の医療に携わりたかったから。

現職につくまでの経緯

高校では鮮魚店で売り子のアルバイト、主婦の方々に新鮮な魚を勧めていた。高校2年生の進路決定で、生きものが好きだったので、レンジャーの専門学校か獣医学科に行くか悩む。悩んだ結果獣医学科に決め、無事入学。大学6年間は寿司屋で配達のアルバイト。卒業後の就職では、動物園水族館に就職できたらなぁと思っていたが、応募が極端に少なく半ば諦めており、家畜系の臨床獣医師の内定もらう。が、海遊館からの募集があることを知り、すぐに応募。結果採用されることに。

水族館の獣医師の診療対象は、魚から海獣類、カワウソなどのほ乳類までと広範囲。日々、館内を走り回って診察・治療をしています。落ち着いてデスクワークができる日は、幸せな日（みんなが元気な日）。

現職につくために努力したこと

あまり努力してません。大学時代は遊びとバイトに明け暮れていましたので。自分は運がよかったと思います。

今まで魚に関係した職業にしかついていない…水っぽい生きものと縁がある人生です。

生きもののお仕事につきたい若者や家族へのメッセージ

水族館の獣医師の業務は多岐に渡ります。詳しい解剖生理がわからない生物を診療するのはもちろん、普通の飼育係と同じように飼育管理もします。研究もしないとダメです。来館者へ環境教育をするのも獣医師の大きな役割です。それ以外にも多くの来館者に来ていただくための展示の企画に携わることもあります。これらの基本となるのは、幅広い生物学の基本的な知識、つまり、ミクロな分子生物学などから、マクロな解剖学、生態学、分類学、さらには環境学までの広範囲な知識（あくまで基本的なことでOKです！）があると、とても役立ちます。これは水族館獣医師に関わらず、生物に携わるすべての職業で、役立つ知識です。

今後は、動物園水族館は保全・研究施設、教育普及など、さらなる社会貢献が必要と考えられています。獣医師も、繁殖や動物福祉にまつわる仕事が増えていくと思います。

調子がよさそうだね！

飼育スタッフと協力して生きものの健康をチェック！

名前	水族館の獣医師の **河村**（かわむら）さん
現職	サンシャイン水族館　獣医師
主な仕事内容	生きものの飼育 獣医師として生きものの診察・治療
主な収入源	給料
生まれ	ひみつ
学歴	酪農学園大学 獣医学部
職歴	動物病院（1年）、水族館（7年）
資格	獣医師免許、潜水士、飼育技師
趣味	ひみつ

カワウソの給餌を観察。
よく食べてて◎

＼私の目標は…／
動物たちを助けることができる獣医になり、お客様に動物たちの元気な姿を見ていただけるようにすること。

ケープペンギン

現職を志した理由

幼い頃から動物が好きだったが、親が転勤族で動物を飼育することができず、動物園・水族館で見る動物に興味をもち、動物園・水族館に関わる仕事につきたいと考えたため。

現職につくまでの経緯

水族館で勤務したかったが、新卒で入ることができず、1年間、動物病院にて勤務。働きながら水族館の募集を探し、サンシャイン水族館の募集を受け、採用された。

水族館の獣医師として働く上で大切だなぁと思うのは、飼育員とのコミュニケーション。一番近くにいる人と情報を共有することは欠かせません。

現職につくために努力したこと

動物病院勤務時、および水族館勤務2年目までは休みの日に大学院に通い、水生動物の研究を行い、水族館での勤務に役立つ知識の習得を行っていた。

現在の勤務内容は、午前中は担当の生きものの飼育作業、午後は獣医の仕事…という感じです。隙を見て、水槽や展示のようすをチェック。いつもと変わりないか、えさの食いつきはよいかなどを確認しています。

仕事のやりがい

動物たちの生き生きとした姿をお客様に見ていただき、生きものに興味をもってもらうこと。

飼育環境が生きものの健康を大きく左右します。獣医師の出番は最後の最後。まずはみんなが健康で暮らせるように環境を整え、病気の予防に努めることが大事だと感じています。

生きもののお仕事につきたい若者や家族へのメッセージ

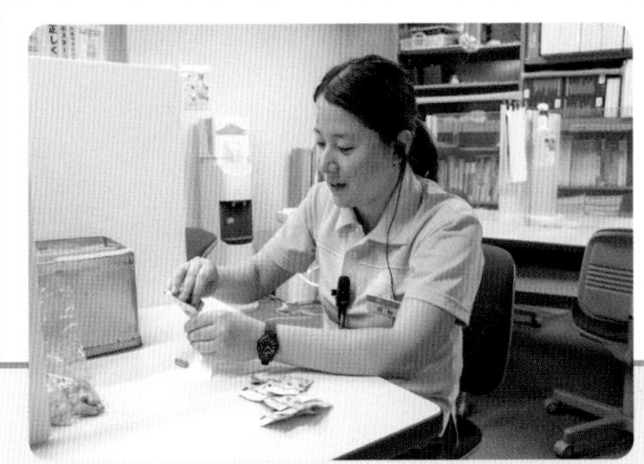

自分のつきたい仕事を見つけ、夢を叶えることは大変かもしれませんが、がんばってください。

アシカ用の薬を調合中……

名前	動物病院の獣医師の伊藤(いとう)さん
現職	奄美いんまや動物病院　院長
主な仕事内容	生きものの診察・治療、野生傷病鳥獣の保護・治療
主な収入源	診療報酬
生まれ	1977年
学歴	2006年 日本大学 獣医学科 （その前は動物資源化学科卒業、獣医編入）
職歴	2006-2008年　動物病院勤務（複数） 2008-2011年　野生動物救護施設（事務員） 2011-2013年　動物病院勤務 2013-2019年　奄美大島にて動物病院勤務 2019年　個人開業
資格	獣医師免許
趣味	野鳥観察など （海も山も好きです）

ヤマシギに
麻酔を…

＼私の目標は…／

野生動物との適切な距離感をもてる人を増やしたい。彼らはペットではないので、適切な距離感をもって接していないといけません。また、犬や猫などのペットを正しく飼うことも自然保護には十分つながることも知ってほしいです。

現職につくまでの経緯

まずは野生動物を診るにしても犬猫の技術ありきだと思い、普通の犬猫の病院へ。たまたま野生動物の救護施設の求人があり、3年ほど携わるが、やはりしっかり犬猫の診察をベースにした技術が必要だと改めて思うようになり、再度犬猫の病院へ。

奄美大島は
大学の卒論のテーマ。
将来的に行きたい、
何か奄美でできれば
という思いがあった。

現職につくために努力したこと

フィールドへ出続けること。五感を使って「野生動物とそれを取り巻く環境の今」を感じ続けること。かわいい、かわいそうだけの感情では絶対にダメです。犬猫などに関わっていくのであれば、対人コミュニケーション能力とともに、自分でも飼育経験をもつことは大事だと思いました。

野生動物と
犬猫飼育動物では接し方が真逆。
犬猫はたくさん触り、
声をかけて心を落ち着かせる。
野生動物はできるかぎり触らず、
声をかけず、接近しない。
そのあたりの線引きは
大事だなと思う。

仕事のやりがい

野生動物に関しては、弱って保護された個体が元気になり戻っていく瞬間はうれしいです。ただし、死んでしまったとしても博物館に寄贈する、研究として違う道を歩ませるなど、実際に剥製や何らかの形で彼らが活躍する場を与えられたときは、それはそれで保護された意義を見出せる気がします。死んでしまったら残念でしたで終わらせない意識をもっています。

犬猫の仕事に関しては、
やはり飼い主さんからの
「ありがとう」が
うれしい！

生きもののお仕事につきたい若者や家族へのメッセージ

「かわいそうな野生動物を助けてあげたい」という気持ちであれば、もっと彼らはシビアでシンプルな生活を送っていること、私たちヒトに「助けて欲しい」と思っているわけではないことをしっかり知っていてほしい。そのためにも、やはりたくさん自然に出かけて、彼らのありのままをしっかり観察する時間をたくさん作ってほしいです。

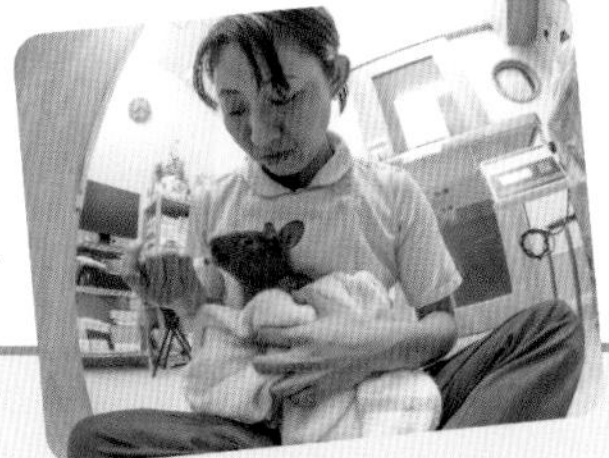

保護したアマミノクロウサギ。
ちゃんと食べられるかな？

野生動物とペット、両方に関わる仕事がしたくて、北へ南へ

名前	動物病院のスタッフの小椋(おぐら)さん
現職	奄美いんまや動物病院　スタッフ
主な仕事内容	動物病院の受付、診察の補助、保護動物等のお世話
主な収入源	給料
生まれ	1986年
学歴	北里大学 獣医畜産学部
職歴	大学卒業後、環境調査会社（東京）→動物病院（茨城）→奄美野生生物保護センター（奄美大島）→動物病院（東京）→パートタイムで仕事をする（福岡）→動物病院（東京）→動物病院（奄美大島）
資格	JAHA認定動物看護士２級、普通自動車免許
趣味	生きものの観察、動物のお世話

診療の合間に検査の準備を…

＼私の目標は…／
第一回の愛玩動物看護師の国家試験に合格すること！

現職を志した理由

愛玩動物だけでなく野生動物にも関わる仕事がしたかったから。

現職につくまでの経緯

大学卒業後、野生動物の調査会社に就職。仕事内容は興味深くやりがいはあったが、将来に不安を感じ転職を決める。地元に戻り動物病院へ就職。働きながら民間の動物看護士の資格を習得。野生動物に関わる仕事をあきらめきれず、奄美野生生物保護センターに転職。そのときに現在の職場の院長と出会う。任期満了のタイミングでツテを頼って東京の動物病院へ就職。その後結婚して福岡に引越し、いくつかの職をパートで働く。夫の転勤で再び東京に戻り、同じ動物病院に再就職。出産を機に奄美大島へ移住し、現職に至る。

現職につくために努力したこと

人間関係を大事にした。

仕事のやりがい

- 保護ネコに新しい飼い主さんが見つかって、幸せに生活している様子を教えてもらったときはとてもうれしい。
- 保護された野生動物が無事に野生復帰できたときは、とてもうれしい。

今の病院では先生と私、二人だけの職場。仕事量が多く責任も大きいが、一緒に病院を作り上げているというやりがいがあります！

生きもののお仕事につきたい若者や家族へのメッセージ

「好き」を大事に、アンテナを張っていろいろな情報を収集して、行動することや、人脈をつくっておくことは大切だと思います。自分の「好き」は仕事になるのか、仕事とは別に趣味で続けていくのか。仕事に何を求めるのかは人それぞれなので、自分の大事にしたいものを考えてから、仕事探しをしてみてはいかがでしょう。

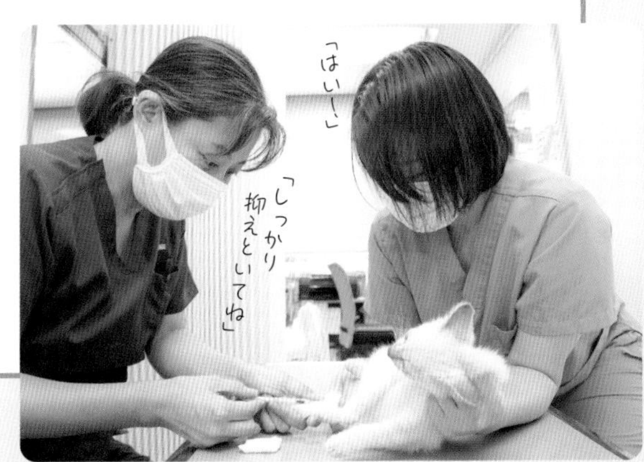

飼い主様に感謝される獣医師として、日々成長していきたい

名前	動物病院の獣医師の**相澤**(あいざわ)さん
現職	**ペット医療センター　獣医師**
主な仕事内容	**生きものの診察・治療**
主な収入源	給料
生まれ	ひみつ
学歴	北里大学
職歴	大学卒業後、ペット医療センターに就職
資格	獣医師免許
趣味	映画鑑賞

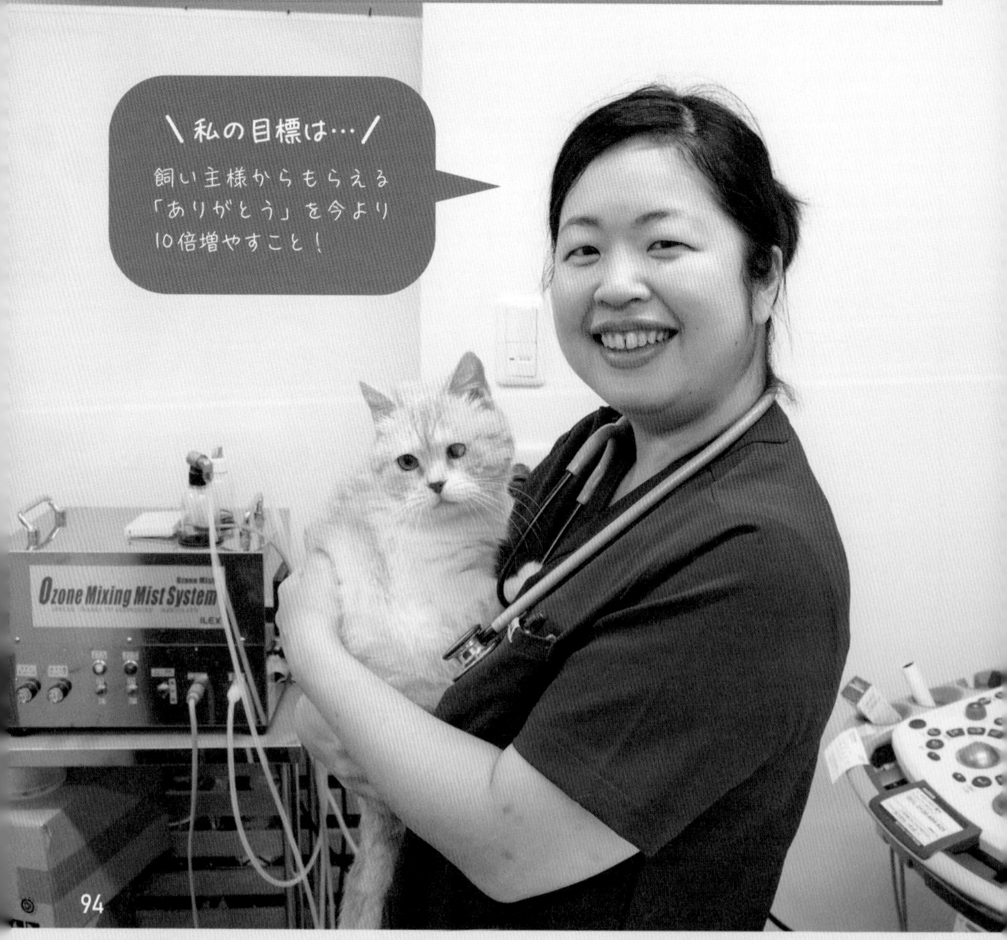

＼私の目標は…／
飼い主様からもらえる「ありがとう」を今より10倍増やすこと！

現職を志した理由

動物が好きだったから。両親が医療関係者だったから。

獣医師は
大動物臨床や公務員（畜産関係）
など、進路の幅は広い。
私は小動物臨床の現場を
見てみたかったのと、
学校の実習などで経験した
小動物を診る病院で働くのが
イメージしやすかったので、
この道に進みました。

現職につくために努力したこと

大学に入るための受験勉強や、獣医師免許を得るための国家試験の勉強。実際の現場がどのようなところかを知るため、病院実習などに積極的に参加したこと。

中学生の頃に
獣医さんの職場体験へ
行ったのも、
今の道を選ぶきっかけかも。

仕事のやりがい

飼い主様に感謝されること。診ている動物が元気になること。

生きもののお仕事につきたい若者や家族へのメッセージ

生きものを扱うことは、想像よりずっと覚悟がいると思います。重労働ですし、重傷を患っている子には、退勤後や休みの日にも長時間つきっきりになることがあります。自分の健康を心配してくれる家族の理解も必要になってきます。でも辛いことを乗り越えて得られるものもたくさんあります。覚悟と忍耐をもつことが大切だと思います。それと、なんでも話せる上司に巡りあえると仕事が楽しくなりますよ（笑）。

上司からは
帰ってもいいと言われても、
預かっている動物が心配で
なかなか帰れないこともあります。
休日であっても治療に関わった動物の
飼い主様が来院されるときは、
病院に行くことも……！

治療法に迷ったときには、
すぐに上司に相談。
動物の命に関わることなので、
困ったとき、
深夜でも快く対応してくれる
上司の存在は心強く、
本当にありがたいです。

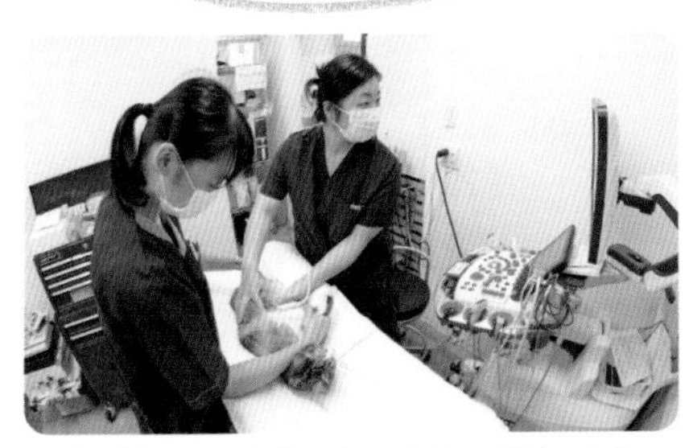
犬猫以外にも、小鳥やチンチラ、デグーなどのネズミのなかま、ときにはカメも診ます！

2章 生きものの健康を守る仕事

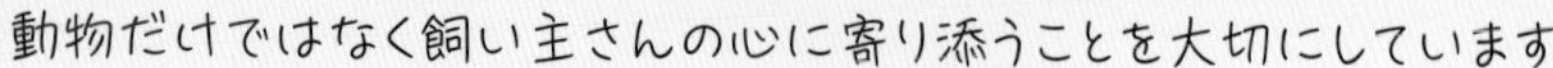

動物だけではなく飼い主さんの心に寄り添うことを大切にしています

名前	動物病院のスタッフの **大滝**（おおたき）さん
現職	**ペット医療センター　スタッフ**
主な仕事内容	**病気やケガをした動物の看病、飼い主様に対して病気の予防や食事等に関するアドバイスなど**
主な収入源	給料
生まれ	1990年
学歴	日本獣医生命科学大学
職歴	大学卒業後、ペット医療センターへ就職
資格	認定動物看護士
趣味	読書

＼私の目標は…／

飼い主様へ信頼される看護師になること。

動物病院では
排泄物などの対応は日常業務。
勤務時間が長く、
給料の低い病院もまだまだあるので、
大変な面もたくさんあります。

現職を志した理由

治療を必要とする動物が元気になっていく姿を見たいと思ったため。

現職につくまでの経緯

小学生の頃に読んだ本に動物看護職の紹介があり、それからずっと、この職を目指していました。

当時はまだ
動物看護という仕事が
メジャーではなく「獣医師以外にも
動物の治療に関わる仕事が
あるんだ！」とおどろきました。

現職につくために努力したこと

とにかく勉強です！（当時は動物看護学を学べる大学がほとんどなかったので、進学の選択肢が少なかったです）

大学では基礎的なことを学び、
病院に勤務してから
実践的なことを学びました。
大学受験を突破する学力さえあれば、
その後は自分のがんばり次第で
いくらでも
成長できます。

仕事のやりがい

診てもらえてよかった、病院にいてもらえると安心と、飼い主様から言っていただけること。

病院での検査やお世話はもちろん、
待合室で飼い主様の不安な気持ちを聞くことも。
その中で、獣医師ではない自分に対して
「担当してもらえてよかった！」と
言ってもらえるのは本当にうれしい！

生きもののお仕事につきたい若者や家族へのメッセージ

尊い命だからこそ辛いこともありますが、すばらしい職です。

一方、動物病院は
すべての動物が
ハッピーに帰れるところではなく、
命を失うところでもあるので、
覚悟は必要です。

保定や検査、入院動物の管理もします

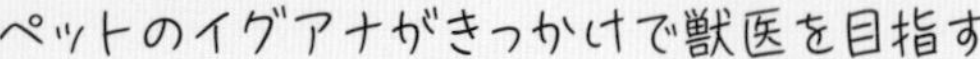

名前	動物病院の獣医師の田向(たむかい)さん
現職	田園調布動物病院　院長
主な仕事内容	生きものの診察・治療
主な収入源	給料
生まれ	1973年
学歴	愛知県立大府東高等学校 麻布大学 獣医学部
職歴	1998年から東京都、神奈川県の動物病院勤務を経て、2003年に開業
資格	獣医師免許、普通自動車免許
趣味	アウトドア、お酒、釣り、動物飼育

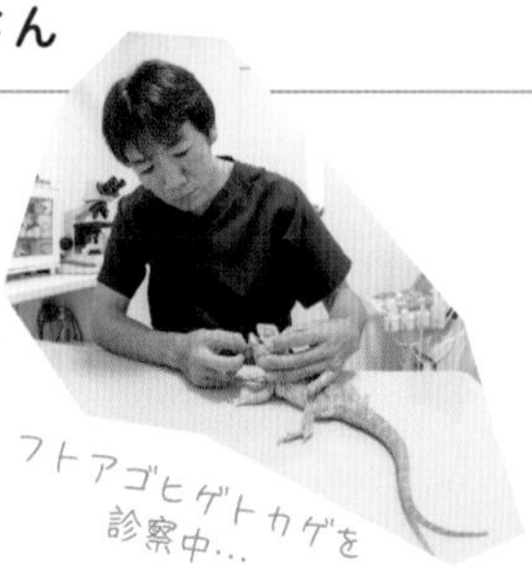

フトアゴヒゲトカゲを診察中…

＼私の目標は…／

後輩獣医師の育成をして、将来につながる動物病院にしていくことが目標です。

ユリカモメ

現職につくまでの経緯

将来は動物に関わる仕事をしたいと思ったところ、中学から飼っていたイグアナのことを調べたときに病気の記述を見て、「イグアナも病気になるんだ」と動物の病気にはじめて気づき、獣医という職業を知った。大学卒業後は、町の動物病院に6年ほど勤務、修行して開業に至った。

現職につくために努力したこと

高校時代は勉強が苦手で、定期試験に焦点を合わせて勉強を努力し、内申書・通知表をよくして、推薦をもらって大学受験をして合格した。学生時代はペットショップに通って生きもの好きの人とたくさん会い、野外に出て爬虫類両生類を観察したり、たくさんの動物を飼育したりした（本書の著者の松橋さんにも大学時代にペットショップで知り合いました）。そういう人間関係を学生時代に築き、さまざまな動物に関する基礎的な知識をその道のプロから得ることができた。その頃の経験が現在の仕事にとても役立っている。

新しい病気を見つけたり、治療法を考えて文章として残す（論文にする）ことで、さらに助かる動物が増えると思うと、うれしいです。

仕事のやりがい

病で苦しんでいるペットがいて、それを心配している飼い主さんが連れてくる。そして治療して動物が元気になって、「感謝しています」と飼い主さんも笑顔になって戻っていく姿を見ると、やっていてよかったなぁと思えます。

生きもののお仕事につきたい若者や家族へのメッセージ

生涯の仕事として、自分の好きな生きものを相手にする仕事は意外と少ないかもしれません。しかし、生きものは人が作ったものではなく、小さなカエル1匹とて人間は作ることができません。生きものを知ることは、同時に生命の奥の深さを感じます。そして生きものが暮らす自然環境を考えることにつながります。大自然を前にすれば人は本当に小さな存在と感じます。不思議で興味のつきない生きものの世界を相手に仕事をすることはとてもすばらしく、人生を豊かにしてくれることと考えています。好きなことを続けること、これが生きものの仕事につく一番の近道かもしれません。

じっとしててね

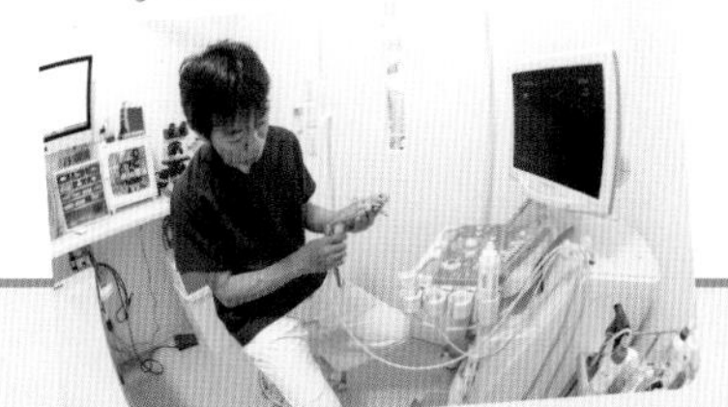

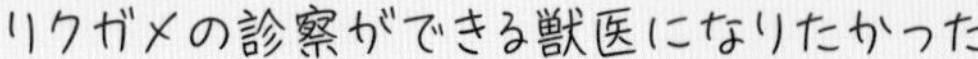

リクガメの診察ができる獣医になりたかった

名前	動物病院の獣医師の **吉田**（よしだ）さん
現職	**田園調布動物病院　獣医**
主な仕事内容	**生きものの診察・治療**
主な収入源	給料
生まれ	1992年
学歴	静岡県立富士高等学校 酪農学園大学
職歴	2018年〜　田園調布動物病院
資格	獣医師免許
趣味	野球観戦、爬虫類の飼育

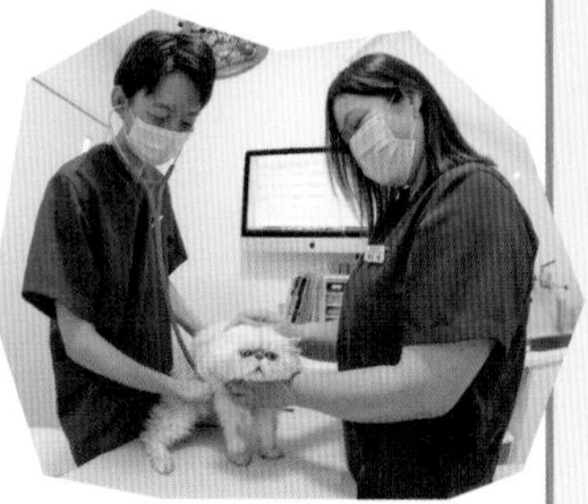

リラックスしてね〜

＼私の目標は…／

エキゾチックアニマルの分野はまだまだわからないことも多く、研究や発表の重要性を働きながらより一層感じるようになりました。将来は院長のような、臨床と研究の両立ができる獣医師を目指したいと思っています。

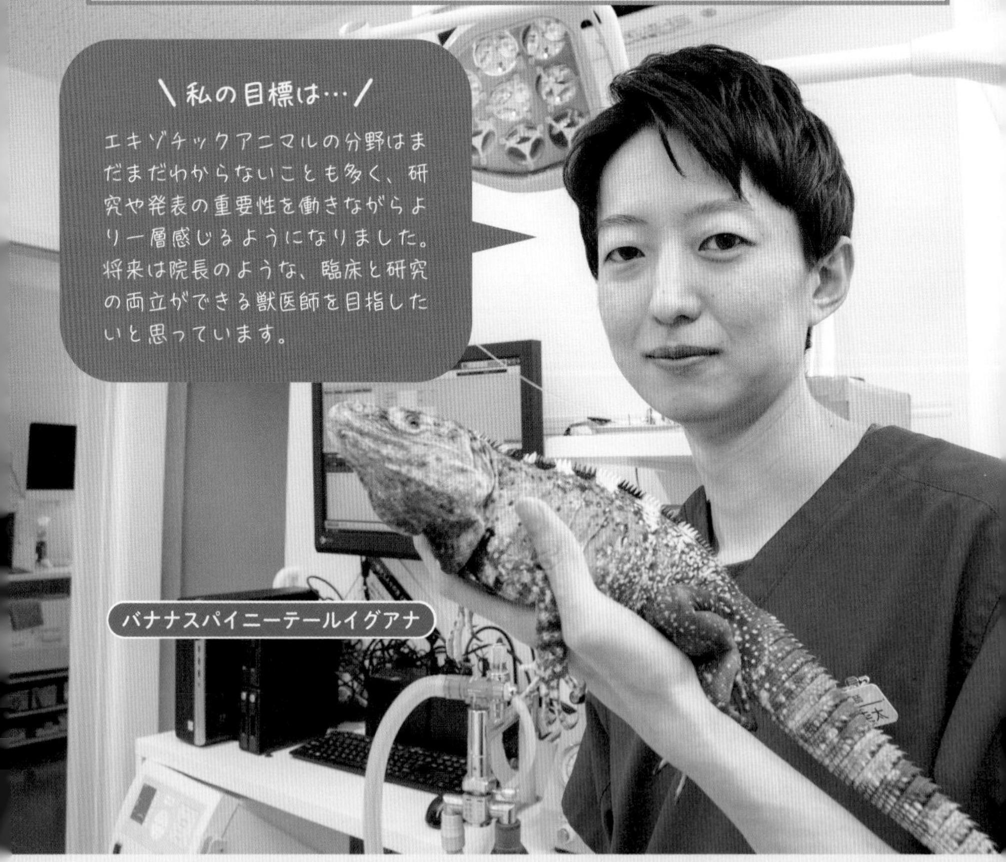

バナナスパイニーテールイグアナ

現職につくまでの経緯

小学1年生のとき、誕生日プレゼントにイグアナが欲しかったのですが、小さい子どもには危ないからと止められて、リクガメを飼いはじめました。そのリクガメの体調が悪くなったとき、診察してもらえる動物病院がなかったことをきっかけに獣医師を目指すようになりました。

小さい頃からトカゲや虫など、外で捕まえたさまざまな生きものを飼育していました！

現職につくために努力したこと

高校時代は勉強ができなかったため、獣医学部に入るための大学受験に失敗し、1年間浪人生活を過ごしました。1年で結果が出なければ獣医師になることをあきらめようと思っていたので、後悔しないように日々勉強していました。仕事で大変なことがあっても浪人時代のことを思い出すと、今は自分の好きなことを仕事にできているんだからがんばろうと思えます。

仕事のやりがい

年数を重ねるほど、獣医療というものに対して、わからないこと、難しさを感じることがどんどん増えているような気がします。自分ができるかぎりの治療をしても助けられない動物がいたり、飼い主さんの期待に応えられなくて悩むこともあります。臨床獣医師としてのやりがいを感じられるようになるには、まだまだ修行が必要なんだと思います。

生きもののお仕事につきたい若者や家族へのメッセージ

獣医師として感じることは、動物と適切な距離感をもって接することが大切だと思います。ペットは家族とはいいますが、ペットを溺愛しすぎたり依存したりすると、ペットのことで悩んでマイナスな気持ちになったり、結果的に目の前の動物が見えなくなってしまうことは少なくありません。また、犬猫とエキゾチックアニマルでも、その適切な距離感は異なるように感じます。本来ペットを飼うことは楽しいことのはずなのに、動物との距離感を間違えると人間も動物も不幸になってしまうと思います。

父親は休みのたびに博物館や動物園に連れて行ってくれましたし、母親は一緒になってトカゲやカエルを捕まえてくれました。好きなことを追求させてくれて、一度はあきらめかけた夢を応援し続けてくれた両親には本当に感謝しています！

うさぎを学ぶために専門学校へ進み、動物看護師の道を見つけた

名前	動物病院のスタッフの落合（おちあい）さん
現職	田園調布動物病院　スタッフ
主な仕事内容	生きものの診療補助、受付・電話対応など
主な収入源	給料
生まれ	1992年
学歴	駿台甲府高等学校 専門学校ビジョナリーアーツ
職歴	2013年～　田園調布動物病院にてスタッフとして勤務
資格	愛玩動物飼養管理士２級
趣味	料理、園芸

検査や調剤なども します！

現職につくまでの経緯

うさぎが好きで、うさぎを学ぶために専門学校へ進学しました。担任の先生から田園調布動物病院の紹介を受け実習へ行きました。今までうさぎ専門店への就職を目指していましたが、病院で実習をする中で、動物達や飼い主様へ、よりよい生活の手助けをできるようになりたいと動物看護職を志し、田園調布動物病院へ就職するに至りました。

実習時は常に自主的に動きました。実習生といえどスタッフの一員という意識をもって実習にはげみました。

生きもののお仕事につきたい若者や家族へのメッセージ

生きものと関わる仕事は多種多様で、獣医師、トリマー、ドッグトレーナー、飼育員、ペットショップ、動物のカメラマン、ペットビジネスに関する仕事などたくさんあります。私は動物看護職につき、好きな動物たちと触れあうことができ、動物や飼い主様に寄り添い、支えることのできる仕事にやりがいをもっています。どんな仕事が自分に合っているのか、職業実習や体験に行くと新たな発見があると思いますし、自分のよさを発揮できるお仕事に出会えると思います。ご家族の理解も大事ですので、一緒に調べてみて話をしてみてください。自分が好きだと思うことを続けてがんばってください。

国家資格となった動物看護師

2022年に「愛玩動物看護師法」が施行され、この法律により国家資格「愛玩動物看護師」が誕生しました。動物看護師が国家資格となることで、今まで獣医師しか行えなかった動物への採血、マイクロチップの装着、カテーテル留置、輸液剤の注射、投薬等ができるようになるなど仕事の幅が広がります。

現在の日本は、人口は減る傾向にありますが、ペットの飼育頭数は減ることはなく、また昔と比べてペットを家族の一員として考え、充分な医療を受けさせたいと考える飼い主が増えました。さらに、獣医学が進歩し、動物の医療はより高度なものになってきており、動物病院の役割はより複雑に、重要になってきています。

一方、動物病院で働く動物看護師は、その資格を認定している民間の団体はいくつかあるものの、その資格は働く上で必須のものではありませんでした。また、病院によっては勤務時間が長かったり、賃金が低かったりすることがあり、働きやすい環境が十分に整っているとは現状言えません。

そのため、動物看護師の国家資格化を求める声は年々高まっており、今回の法律が制定されることになりました。国家資格化により、動物看護師の技術的水準の上昇や待遇改善、それに伴う日本の動物医療サービスの向上が期待されます。

今後、国家試験を受験するには愛玩動物看護師を養成する大学や、指定を受けた専門学校を卒業する必要があります。国家試験は年1回行われ、第1回国家試験は2023年2月19日に、北海道、宮城県、東京都、愛知県、大阪府、広島県、福岡県の7ヶ所で行われる予定です。

＊情報は2022年11月現在のものです。

名前	牛の獣医師の **磯崎**（いそざき）さん
現職	**千葉県農業共済組合　西部家畜診療所　獣医師**
主な仕事内容	**乳牛、和牛、ときどき豚の診療**
生まれ	1995年
学歴	2014年　日本女子大学附属高等学校 2021年　鳥取大学 農学部 獣医学科
職歴	2021年より千葉県農業組合に就職
資格	獣医師免許、普通自動車免許
趣味	サーフィン、ランニング

現職をめざした理由

動物が好きだから。

現職につくまでの経緯

①獣医師の仕事は、犬猫の獣医師や県や国の公務員、製薬会社の研究職など、さまざまにあるが、屋外に出て仕事がしたかったため。

②大学の大動物実習が楽しかったため、牛に関わる仕事につこうと考えたため。

診療していた牛がよくなったときは、仕事のやりがいを感じます。今後は、産業動物獣医師として一人前になることが目標！

現職につくために努力したこと

勉強があまり得意ではなかったので、大学入試で1年浪人した。獣医学科に入学するために、それまでの人生で一番勉強したこと。

生きもののお仕事につきたい若者や家族へのメッセージ

生きものに触れる機会を多くもつとよいと思います。動物園や水族館に行く、動物を飼う、学校で生物係をやるなど、どんなことでもいいです。自分がどのように生きものと関わる仕事につきたいのかを考えるきっかけになると思います。

名前	馬の獣医師の関（せき）さん
現職	**大和高原動物診療所　馬の臨床獣医師**
主な仕事内容	**乗用馬の診療**
主な収入源	給料
生まれ	1995年
学歴	千葉県立千葉東高等学校 東京大学 農学部 獣医学課程
職歴	2021年より大和高原動物診療所に就職
資格	獣医師免許、普通自動車免許
趣味	読書、乗馬

馬のことを少しでも理解できるよう、馬術部時代はなるべく馬といる時間をとるようにしていました。

牧場や乗馬クラブから依頼を受け、薬品や検査機器を載せた車で向かい、馬の診療を行っています。

現職につくまでの経緯

小さい頃から馬が好きで、大学では馬術部に入部。馬の世話から治療までできるようになりたいと思うようになり、獣医学課程に進学。卒業後、大和高原動物診療所に入社。

仕事のやりがい

毎日かわいい馬たちと触れあえること。苦しむ姿を見るのは辛いが、治療がうまくいき、元気になった馬の姿を見られること。

生きもののお仕事につきたい若者や家族へのメッセージ

生きものと関わる仕事は、どんな仕事でも生死に関わる場面や苦しい場面に遭遇することがあると思います。生きものが好きで仕事を選んでいるがゆえに、そのときは当然辛い思いもします。しかし、生きもののいろいろな姿を見られる喜びがあり、幸せそうな姿を見ればこちらも幸せな気持ちになります。何より自分が好きな生きものと毎日関わることができるのは非常に楽しく、日々に飽きません。命に関わる仕事であるため責任が重く辛いことも当然ありますが、生きものが好きという気持ちがあれば乗り越えることもできますし、それ以上のやりがい、喜びを感じられると思います。

装蹄はあまり表に出ない仕事だけど、馬にとっては大事です

名前	馬の装蹄師（そうていし）の**加藤**（かとう）さん
現職	**開業装蹄師**
主な仕事内容	**乗馬・競走馬の装削蹄（そうさくてい）**
主な収入源	装削蹄代金
生まれ	1975年
学歴	私立駒場学園装蹄畜産科
職歴	1993年　宇都宮競馬場太田装蹄所 2001年　開業 （独立するには通常、10～15年かかることが多いです）
資格	普通自動車免許、指導級認定装蹄師
趣味	ゴルフ

蹄鉄は馬に合わせて
調節するオーダーメイド式！

＼私の目標は…／
海外に装蹄の勉強に
行ったり、いずれは
弟子を育ててみたり
したいです。

現職を志した理由

中学時代に、大井競馬場で大きな馬が全力疾走する姿に感動して。

現職につくまでの経緯

中学卒業時、馬に関係する仕事につきたく、いろいろと調べて装蹄師という仕事の資格が取れる高校を見つける。親に頼み受験させてもらい合格する。その後、高校2年時に地方競馬全国協会の奨学生に受かり、宇都宮競馬場太田装蹄所に就職が決まり、卒業後に弟子入りする。

装蹄師（そうていし）の仕事は馬のひづめに蹄鉄（ていてつ）をつけること。蹄鉄はひづめの保護のほか、馬が走ったり障害を飛び越えたりするときの動きのサポートもします。

現職につくために努力したこと

親方、兄弟子、同業の先輩後輩など、いろいろな人の仕事を見たり話を聞いたりしました。装蹄に関するセミナーや講習会にもたくさん出席しました。

人の紹介で仕事が来ることが多い。知り合いや獣医さんなど、横のつながりを大切にしています。

仕事のやりがい

装蹄を担当させていただいた馬達が競馬のレースや乗馬の競技会で優勝したり、ひづめや脚元の調子の悪い馬が治ったりしたときには、その馬たちに携われたことを誇りに思います。

蹄鉄が馬に合っているかは、馬はしゃべらないのでわからない。だから、自分の目での確認以外にも、獣医さん、馬の世話をする方、乗っている方の意見をよく聞いて判断します。馬に関わる全ての人が協力して、一頭の馬のサポートをしています。

生きもののお仕事につきたい若者や家族へのメッセージ

修行時代は朝早くから夜遅くまで、大変な思いをすることもたくさんあるかもしれません。それでも、馬が好きな気持ちで一生懸命がんばっていれば、誰かが見ていてくれると思います。

乗用馬は5～6週間ごと、競走馬は3～4週間ごとに蹄鉄を変える

馬のことを知りたくて人間の解剖学についても勉強しました

名前	ホースマッサージセラピストの**佐山**（さやま）さん
現職	**フリーランスのホースマッサージセラピスト**
主な仕事内容	**馬（たまにその他小動物）のマッサージ、ヒーリング**
主な収入源	マッサージ料
生まれ	ひみつ
学歴	明治大学政治経済学部経済学科 ARITC（オーストラリアの日本人向けの馬の学校） 山口大学農学研究科
職歴	大学卒業後、3年間会社員を勤め、2002年から フリーランスで馬のマッサージを始めました。
資格	Equine body worker（アメリカの会社の資格）、普通自動車免許
趣味	ピアノ、馬をさわること

馬はとても敏感。
特に大きな音や
素早い動きは苦手！

＼私の目標は…／

人が馬を身近に感じることができ、また馬たちが「楽」に過ごせるような場所を作りたい。エディ・マーフィーの「ドクター・ドリトル」のように、馬たちの悩みを聞いて、寄り添い解決できるような人間になるのが夢。

乗馬などで
筋肉が疲労した馬にとって
マッサージは大事。
でも馬のマッサージ自体、知名度が低く、
やらせてくれるところは少なかった。
コネもなかった自分が
今この仕事ができるのは、
運のよさと人とのご縁のおかげ。

現職を志した理由

その馬が持っている能力を全部出せる身体の状態にするお手伝いをしたいと思ったので。

現職につくまでの経緯

学生時代、競馬にハマる
→競馬雑誌で「オーストラリアで英語を勉強しながら馬のことを勉強しませんか」というコンセプトの学校ができたのを知る
→3年間会社員をしたあと、同じようなコンセプトのオーストラリアの学校に入学
→馬に乗るのが怖くなり授業を欠席するように。代わりにRDA（Riding for the Disabled Association）のクラブでの研修を勧められ参加。そこでアメリカから講師が来て､馬のマッサージの講習を開くと知り出席。その後、学校や帰国後に会員になった乗馬クラブの馬たちでマッサージの経験を積み、夫の転勤を機に、仕事としてマッサージするようになる。

現職につくために努力したこと

日本語英語問わず、馬の解剖学等の本を読んでいました。並行して、人間の骨格筋の解剖学やマッサージ、筋膜リリース等のテクニックも勉強して馬に応用していました。また、マッサージセラピストというからには本物の筋肉を見ないとという思いがあり、馬の筋の研究をしている大学の研究室に入りました。

仕事のやりがい

馬の、それまで見たことがないような「気持ちいい」の顔を見られたとき。馬が私のことを覚えていてくれて、ごあいさつに来てくれたとき。身体や心に問題があって気性が悪いとされていた馬が、回数を重ねるごとに穏やかになるのを見られたとき。乗り手と馬の問題を共有することによって、馬も乗り手も楽になるお手伝いができたとき。馬と通じ合えたという感覚を持てたとき。

昔はよく馬を怒らせていた。
自分がイライラしていると、
馬は絶対に怒る。
馬に何をしたいかより、
こっちはどうあるかのほうが、
じつは大事。

気持ちいいと不愉快は紙一重……！
馬の反応をよ〜く観察しながら触ります。

鍼灸師として人の治療にも携わり、日々修行中！

名前	馬のマッサージ師を目指して…！ 岩本（いわもと）さん
現職	**整骨院スタッフ（鍼灸師・あん摩マッサージ指圧師）**
主な仕事内容	**鍼灸やマッサージなどを用いて、来院された方を治療すること**
主な収入源	給料
生まれ	1990年
学歴	2009年　神奈川県立相模原高等学校 2013年　東京農業大学農学部バイオセラピー学科 2019年　呉竹鍼灸柔整専門学校　入学 2022年　呉竹鍼灸柔整専門学校　卒業
職歴	2013年　公益財団法人ハーモニィセンター　入社 2016年　乗馬倶楽部湘南　入社 2022年　エル整骨院　入社
資格	全国乗馬クラブ振興協会指導者資格（ブリティッシュ初級）、鍼灸師、あん摩マッサージ指圧師、普通自動車免許

現在に至るまでの経緯

　大学生のとき、馬術部に入部。毎日馬と関わり合うなかで自分の成長を感じると同時に、お世話になっている馬を癒せるようになりたいと感じるように。大学卒業後に馬のいる環境に就職し日々過ごすことで、すばらしい先生方に出会い、馬のマッサージ師を志すようになる。さらに、馬をよくするためには関わる人たちの状態が大きく影響すると考え、人の治療にも携わりたいと考えるようになり、整骨院で修行することを決める。

昔から動物が大好きで、
動物園の飼育員が夢だったときも。
でも、さまざまな経験をして、
いろいろな人と出会うことで、
想像していた未来とは
大きく違う今になりました！

仕事のやりがい

　治療家は日々勉強であり、同じ日は1日もない。自分が成長した分だけ、周りの方に還元できるものが増えることがうれしい。

夢や目標

　馬と人が良好な関係を築くための手助けをすること。

3章

人と生きものの暮らしを支える仕事

この章ではペットショップ店長やスタッフ、トリマーさんやドッグスクール講師など、人と動物双方に関わる仕事を紹介します。特に、愛玩動物を取り巻く環境は年々変化しつつあり、それに伴って仕事も多様化しているので、この本では紹介しきれていない仕事も多々ありますが、ひとつの参考にしていただければと思います。

ペットショップ

ペットショップには、店舗を多数チェーン展開しているペットショップのほかに、観賞魚店・金魚屋さん・ウサギ屋さん・爬虫類両生類専門店などの個人商店があります。ペットショップの仕事は、生きものの管理と販売のほか、生きものの仕入れや商品の管理などがあります。収入は正社員でも同年代会社員に比べればやや少ない印象がありますが、それぞれの店でかなり違うので一概には言えません。経営はいいときも悪いときもあり、正直不安定としか言いようがないでしょう。

なるには？ 専門学校などで愛玩動物に関する知識を学び、入社試験を受けて入社するのが一般的ですが、アルバイトから社員になる場合も多く、個人商店ではお客さんから店員さんになった！というようなことも多々あります。ペットショップを経営する人の多くは、さまざまなペットショップに勤務して経験を積み、独立するのが一般的です。ペットショップに勤めるために必要な資格はありませんが、専門学校などで動物取扱に関する資格を取得しておくと就職に有利な場合もあるようです。ペットショップ経営には第一種動物取扱業への登録など、満たさないといけない条件が多々あり、その条件は時代に合わせて変化するものなので、開業する都道府県などに問い合わせる必要があります。

トリマー

トリマーの仕事はペットショップ・動物病院に勤務するほかに、店舗を構えたり車で移動して出張サービスを行う個人経営のスタイルなどがあります。仕事は、ペットの美容師として犬や猫・ウサギなど愛玩動物のカットやシャンプーのほか、爪切りや耳掃除なども行い、ペットの健康管理という意味でも大切な仕事です。

なるには？ トリマーはトリマーの養成校や通信教育で取得できる民間のトリマー資格が複数あります。ペットショップや動物病院に勤務するのが一般的です。

ドッグトレーナー

ドッグトレーナーは飼い犬のしつけ・トレーニングを通して、飼い主とペットの暮らし・健康を支える仕事です。犬のトレーニングを行うとともに、飼い主へのアドバイス等も行います。主に犬のしつけ教室やペットショップでドッグトレーナーとして働くほか、経験を積んだ後に独立し、しつけ教室の開業をしたり、訪問型のドッグトレーナーとして活躍することもあるようです。警察犬や盲導犬など、仕事をする犬たちをトレーニングするのは一般的に「訓練士」と呼ばれ、特別な資格が必要です。

なるには？ 専門学校などで技術を学んだり、大学で動物のことを勉強した後、犬のしつけ教室やペットショップなどの施設に就職というのが一般的です。ドッグトレーナーとしての民間資格を認定している団体はいくつかあり、それを取得している人は多いようです。

乗馬インストラクター

主に牧場・乗馬クラブで乗馬を指導するスタッフです。乗馬の指導以外にも馬の運動や、お客さんが安全に乗れるように馬の調整をしたり、また指導する上で自身の乗馬の技術を向上させたりすることも大事な仕事です。体力が必要な仕事ですが、女性も多く活躍する職業です。

なるには？ 一般的には大学の馬術部に入った後、もしくは高校を卒業して馬の専門学校に行った後に牧場・乗馬クラブに乗馬インストラクターとして就職することが多いようです。資格としては、全国乗馬倶楽部振興協会による指導者の資格があり、初級・中級・上級とあります。乗馬インストラクターとして指導するには必須の資格ではないですが、就職した後に勉強しながら資格をとる人が多いです。

馬の調教師

日本中央競馬会（JRA）から借りた厩舎（きゅうしゃ）で、馬のオーナーから預かった馬をトレーニングし、その馬をレースに出す仕事です。調教師の仕事のメインは馬のトレーニング・レースへの出走の計画、調教助手や厩務員（きゅうむいん）の指導、馬主への営業など、厩舎の経営・マネジメントで、馬の直接的な世話やトレーニングの実施は、調教師が雇っている厩務員や調教助手の仕事となります。収入は管理している馬がレースで走ったときの利益（進上金）なので、年収はレースの成績次第とも言えます。

なるには？ 調教師・調教助手・厩務員など、JRAに関わる厩舎の従業員になるには、JRAの競馬学校への入学が必要です。競馬学校の応募にはある程度の乗馬経験も必要なため、高校や大学などの馬術部に所属したり、牧場で働きながら乗馬を経験したりした後に入学することもあるようです。競馬学校卒業後は、厩舎で厩務員として働きますが、調教師を目指す場合は厩務員から調教助手となり経験を積んだ後、JRAの調教師免許試験を受ける必要があります。

人と生きものの暮らしを支える仕事を  見学！

いろいろな生きものを扱うので、飼育の知識もたくさん必要！

生きものの世話や販売だけでなく、人とコミュニケーションをとって生きものを理解してもらうことも、ペットショップの役割のひとつ。

いらっしゃい！生きものとの時間を楽しんでね！

お客様の飼育の悩みや心配事にアドバイスするのも仕事のひとつ！

犬猫やうさぎ、魚や爬虫類など、いろいろな生きものがいるので、そうじだけでも大変な仕事。

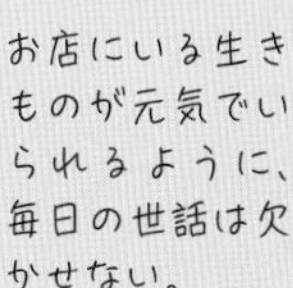

お店にいる生きものが元気でいられるように、毎日の世話は欠かせない。

動物病院やペットショップに勤めたり、個人店を開いたり、トリマーの職場はいろいろ。

トリマーの仕事は犬猫のカットやシャンプーだけでなく、健康管理やトレーニング、美容など、幅広い。

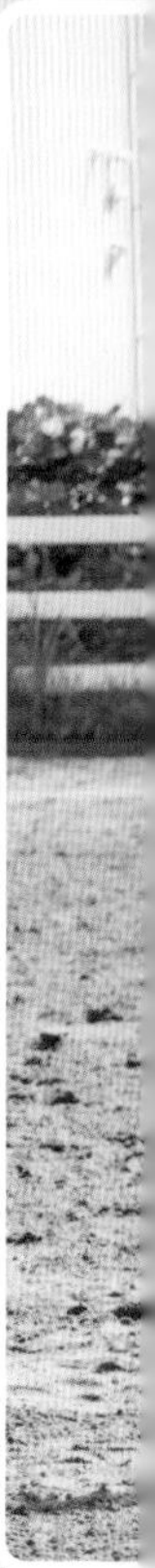

さあ、今日も
一緒にがんばろう!

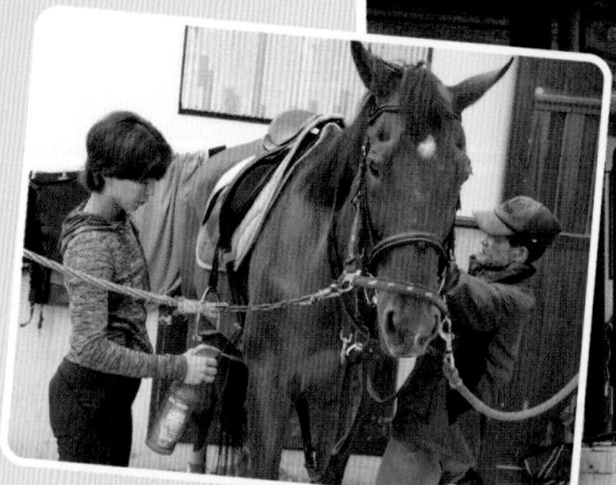

乗馬インストラクターは担当馬の健康管理もする。

乗馬インストラクターはレッスンを行ったり、馬の世話をしたりと、馬と一緒にいる時間がとても長い。

 幼心に誓った「子どもにも優しいペットショップを」に立ち戻った

名前	ペットショップ店長の **後藤**（ごとう）さん
現職	（株）エスケーアール　代表取締役
主な仕事内容	**ホームセンターのペットショップ運営** **（生体や植物の輸入と卸売り、水族館や博物館へ展示生体の提供）**
主な収入源	役員報酬
生まれ	1974年
学歴	東京都立大学
職歴	大学卒業後、都内のペットショップに就職。 その後独立し、ホームセンターのペットショップの運営を行う。
資格	家庭動物管理士
趣味	楽器演奏

＼私の目標は…／
来店された子どもたちが、新しい発見や感動を得られるお店をつくっていきたいです。

子どもが楽しいお店にしたい！

現職を志した理由

子どもの頃に連れていってもらったペットショップで、子どもは相手にしてもらえず、悲しい思いをしました。そのとき、子どもにも優しいペットショップをやろうと、幼心に誓いました。

現職につくまでの経緯

- 家業を継ごうと、医者を志す。
  →学力がついていかず。
- バンドがレコード会社に見いだされ、音楽で食べていくことを決心する。
  →いろいろな壁にぶちあたる。
- 大学在学中、化学者になることを決める。
  →そんなに化学に興味がないことに気がつく。
- そうだ､幼心に誓った「子どもにも優しいペットショップ」をやろう！
  →今に至ります。

師匠から「お客様とは、売る側と買う側という関係にはならないように」と教わりました。
生きもの好き同士という気持ちを忘れないようにしています。

現職につくために努力したこと

転職の際、しっかりとした経営者であり、生きもの好きな師匠に基本を学びました。

いろいろな人の話を聞くことが、日々、新しい発見や勉強につながっています！

仕事のやりがい

生きものをお迎えしてくれた方が、お店に来る度に状況報告をしてくれると、生きものも人間も幸せに暮らしているなと感じます。

生きもののお仕事につきたい若者や家族へのメッセージ

ペットショップは、生きものの相手をするだけの仕事ではありません。お客様だけでなく、同じ職場で働く人との関係が、仕事継続の鍵を握っていると思います。生きものだけでなく、人とも上手く付き合えるように！

標本や植物など、いいなと思えば、生体にかぎらず販売します。

自分の店は「小さいけれど屈強な海賊船」、どこまで進めるか試したい！

名前	ペットショップ店長の山田（やまだ）さん
現職	**爬虫類専門店TOKO CAMPUR（トコ チャンプル） 代表**
主な仕事内容	**生きものの売買及び飼育器具やエサの販売**
主な収入源	お店の売り上げ
生まれ	1972年
学歴	東海大学 政治経済学部 政治学科
職歴	1993年　総合ペットショップ販売員 1995年　熱帯魚専門店販売員 1997年　爬虫類専門店販売員 1999年　爬虫類、熱帯魚、鳥類、ほ乳類の輸入、卸、小売り会社、販売員 2010年　爬虫類専門店TOKO CAMPUR（トコ チャンプル）開業 2022年　現在に至る
資格	動物取扱責任者、愛犬飼育管理士、中型自動車免許、中型自動二輪免許、損害保険募集人
趣味	お店の経営、 インドネシアへの旅行

＼私の目標は…／

今の店を始めるとき、海賊船をイメージしました。乗り組むメンバーそれぞれを尊重し、沈むことも荒波にのまれることもない、小さくても屈強な海賊船にすることが目標です。そしてメンバーと一緒に、この海賊船でどこまでいけるのか、その先に何があるのかを見たいと思っています。

ブルーテールモニター

現職につくために努力したこと

生きもののことを知るために、自分で飼育できるものは何でも飼育して学びました。それでも追いつかないときは、その分野の生きものに強い店に転職しました。それと並行して、経営方法や販売方法、仕入れ先など、独立してから必要なことを店から学びました。また、師匠とも言える人物と出会い、動物商としての商売理念を教わり、人とのつながりを広げてもらいました。

中学生のときに熱帯魚にはまり、大学生在学中には熱帯魚屋で働き始める。そのとき出会ったのが爬虫類の世界。当時は専門店が少なく、就職するのも難しかった。

仕事のやりがい

世界中の生きものの流通は政治や法律と密接な関係があり、原産国の政治的代表者は誰かとか、その国の治安や法律はどうかなどを知らないと、何も始まりません。私の店では、そうした複雑な事情が絡み合い流通しにくい生きものを探し求めています。生きものそのものの魅力のほか、取り巻く環境やその背景にある物語を理解してくださるお客様にお譲りしたいと考えています。

生きものを飼育するだけではなくて、どこからどんなふうにやってきたのかまで知ってほしい！

生きもののお仕事につきたい若者や家族へのメッセージ

地球規模で環境保護が叫ばれ、生物多様性が重要視され、野生動物を捕獲・販売し、飼育することが年々難しくなっています。人類が生き残る上で必要なことで、時代の流れに逆らうことはできませんが、それとは別に人はみな、自分が幸せになるために生活しています。その幸せの一端を読書やスポーツなどの趣味が担っていて、私は生きものを飼育することも含まれると思っています。生きものを育み、生きものと触れあうことで命を学ぶことは、こんな時代だからこそ必要なことだと感じています。

忘れてはならないのは、重くて尊い命を扱う仕事であること。その責任を絶えず背負う覚悟をもってください。人が隔離して管理している以上、自然に死んだように見えても「殺してしまった」ことになります。いかに生きものがストレスなく、長生きするかを学び、実戦してほしいです。

店にいる個体が元気でいられるようにと、いつも考えています！

爬虫類が好き＆人と話すことが好き！

名前	ペットショップ店員の **貴島**（きじま）さん
現職	**爬虫類専門店TOKO CAMPUR（トコ チャンプル）　スタッフ**
主な仕事内容	**生体のお世話、接客、その他業務全般**
主な収入源	給料
生まれ	1995年
学歴	高卒
職歴	携帯ショップ販売員を経て、2015年より、 爬虫類専門店TOKO CAMPURで働きはじめる。
資格	動物取扱責任者、愛犬飼育管理士、損害保険募集人
趣味	爬虫類の飼育、ビカクシダの育成

毎日楽しく働いています！

＼私の目標は…／

店主をはじめ、私の尊敬する師匠たちに一歩でも近づけるよう、日々の仕事の中でもっと知識をつけたいです。自分にしかできないことを見つけ、いつか師匠たちに追いつきたいです。

サウザンアルバーティスパイソン

現職を志した理由

物心ついたときから爬虫類が好き。人と話すことも好きだったので、両方を活かせる爬虫類ショップで働いてみたいと思ったから。

現職につくまでの経緯

高校を卒業後、自立のためにひとり暮らしを始めて、それと同時に爬虫類を飼い始めました。そのとき、店主に出会い、店主からの誘いを受けて今のお店で働くことになりました。

現職につくために努力したこと

携帯ショップ販売員で接客の基礎を学びました。誰にもまねできない接客スタイルを身につけたくて、とにかくたくさんのお客様と接して接客スキルを磨きました。また、気になった爬虫類はまず飼育してみました。図鑑や本には載っていなかった、飼ってみなければわからなかったことを身につけていきました。

小学生の頃、夏休みなどは
毎日動物園に入り浸り、
たくさんの動物を観察。
11歳で「象使い」にもなりました。
いつでも夢は
「動物に関わること」！

生きものの師匠たちから
知識を盗み、自分のものに
したと感じたときは
達成感がある！
私は信頼する師匠たちがいるから、
この仕事を楽しんで
できています。

仕事のやりがい

この仕事を始めてまだ7年目で、日々発見や学ぶことがたくさんあり、毎日楽しいです。そして、お世話した生きものがお客様の手に渡ったとき、それを喜んでいただけたときなど、すべての場面でやりがいを感じています。

生きもののお仕事につきたい若者や家族へのメッセージ

私の仕事の8割は生体のケージのそうじやえさやり、状態チェックです。楽しいことだけではないですが、何年働いても自分の知らないことがどんどん出てきて、毎日新しい発見があるという喜びもあります。さまざまな面から、いい人生経験になる仕事だと思います。

えさづくり、えさやりは結構重労働…

ゲーム関係の仕事から、生きものを扱うお店の店長に

名前	ペットショップ店長の**山田**（やまだ）さん
現職	**AQUA&ANIMAL FREEDOM 代表**
主な仕事内容	**接客販売、生体管理、用品管理、仕入れ、従業員の管理・教育、経理など**
主な収入源	給料
生まれ	1975年
学歴	大成高等学校
職歴	（株）ウエップシステム →（株）三共 →（株）ダイエー →（株）タイガーのち、独立してペットショップを立ち上げる
資格	小動物飼養管理士、損害保険募集人、簿記、珠算、情報処理
趣味	映画鑑賞、フィギュア、スノーボード

ミーアキャット

＼私の目標は…／

目標は、ペットショップで働きたいと思う人が一人でも多く働けるよう、会社をもっと大きくすること。いずれはペットショップを企業したいという人の手助けができるような会社にしていきたいです。

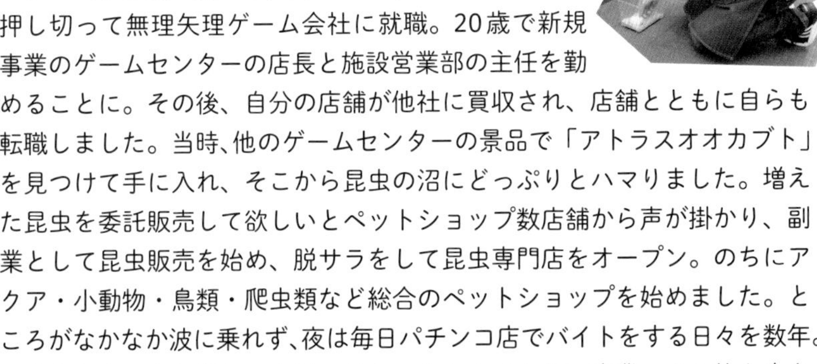

現職につくまでの経緯

ゲームが三度の飯より大好きで、親や先生の反対を押し切って無理矢理ゲーム会社に就職。20歳で新規事業のゲームセンターの店長と施設営業部の主任を勤めることに。その後、自分の店舗が他社に買収され、店舗とともに自らも転職しました。当時､他のゲームセンターの景品で「アトラスオオカブト」を見つけて手に入れ、そこから昆虫の沼にどっぷりとハマりました。増えた昆虫を委託販売して欲しいとペットショップ数店舗から声が掛かり、副業として昆虫販売を始め、脱サラをして昆虫専門店をオープン。のちにアクア・小動物・鳥類・爬虫類など総合のペットショップを始めました。ところがなかなか波に乗れず､夜は毎日パチンコ店でバイトをする日々を数年。一度生きものから離れて生活をリセットしようと思い廃業。その後も生きもののことを勉強し知識を蓄え「いつかまたペットショップを開業するんだ！」と野望を抱いていました。数年後､「ホームセンター内でペットショップを開業してほしい」と声が掛かって出店し、現在に至ります。

仕事のやりがい

動物を販売してお客様が喜んでくれるのはもちろん大前提ですが、本当によい人材に恵まれていて、今はスタッフとのやり取りも楽しいです。当たり前ですが、スタッフにきちんと給料を払ってあげられることが喜びです。働いていて楽しいと思えない店では、自主性が生まれず、お金のために勤務時間を過ごすだけになってしまいます。そんなお店はお客様にとってもよいお店ではないと考えています。

生きもののお仕事につきたい若者や家族へのメッセージ

ペットショップでは動物に噛まれたり引っかかれたりというのが日常です。言葉を交わせない動物には、心で対応するしかありません。広い心・広い視野をもって仕事についてください。自分が一番、自分の考えが一番正しいとは思わず、常にいろいろなことを吸収してください。一度きりの人生です。やらずに後悔するよりはやって後悔するほうがいい…とはよく言ったものですが、後悔なんてしないほうがいいに違いないです。ですが、自分は何度も失敗しても、今の仕事をしていることに大変満足しています。

ベートーヴェンの残した言葉
「努力した者が成功するとは限らない。
しかし、成功した者は必ず努力している」
というのはまさにその通り。
「ねだるな、勝ち取れ、
さすれば与えられん」です！

ニホンカナヘビとの出会いが人生を変えた

名前	ペットショップ店員の **洋美** さん
現職	AQUA&ANIMAL FREEDOM スタッフ
主な仕事内容	接客販売、生体管理、用品管理
主な収入源	給料
生まれ	1976年
学歴	神奈川県立藤沢北高等学校
職歴	1998年　子供写真館 トム・ソーヤ 2006年　株式会社オンデーズ 2009年　株式会社メディック のち、現在のペットショップに転職
資格	小動物飼養販売管理士、普通自動車免許
趣味	ペットのお世話

水槽のそうじは
数が多くて大変！

現職を志した理由

営業・接客などの仕事をしていましたが、コロナの影響で出勤日数が激減してしまいました。その時期に子供とニホンカナヘビを飼育し始めたことで人生が変わってしまいました(笑)。爬虫類が好きになりどうしてもペットショップで働きたく、でもなかなか募集しているところがなく、やっと見つけて今に至ります。

仕事のやりがい

同店では扱っている生体の種類や数が多いので、お客様と話す機会がたくさんあります。過去に接客業をしていた自分にはとても楽しいことです。

さまざまな生体の
飼育知識を
学ぶことができるのも
楽しい！

生きもののお仕事につきたい若者や家族へのメッセージ

動物相手の仕事なので、思いどおりにいかないこともありますが、それよりも遥かに楽しさがあります。ペットショップで動物を購入されたお客様に、動物をお渡しする瞬間の笑顔がとてもうれしいです。この仕事についてみたい方には、簡単にあきらめずに「やりたい仕事」を続けてくださいとメッセージを送りたいです。

レオパがすてきな縁を運んでくれた

名前	ペットショップ店員の **麗華**（れいか）さん
現職	AQUA&ANIMAL FREEDOM スタッフ
主な仕事内容	**接客販売、生体管理、用品管理**
主な収入源	給料
生まれ	2001年
学歴	神奈川県立厚木清南高等学校
職歴	乗馬クラブや、倉庫での勤務を経て、現在のペットショップへ転職
資格	損害保険募集人
趣味	ゲーム、カメラ

現職につくまでの経緯

動物の仕事につきたく就職先を探し、高校卒業後は乗馬クラブに就職したが、上司と折り合いがつかず退職。その後も動物に関わる仕事を探しながら倉庫で勤務。よく通っていたお店でレオパ（ヒョウモントカゲモドキ）を購入、そのご縁でお店から「うちで働かないか」と声を掛けていただいて今に至ります。

仕事のやりがい

大事にお世話していた子たちによい家族が決まり、「大切にします」と言っていただけたとき。

生きもの大好き！

生きもののお仕事につきたい若者や家族へのメッセージ

好きなことを夢に思い続けて、その夢が叶ったときの喜びがすごく大きかったです。私は今の仕事を生きがいにがんばっています。だからこそ夢を持ってる人には叶えてもらいたいし、その気持ちを大事にしてほしいです。難しい夢だとしても努力すればきっと報われるはずだから「無駄な努力はない」と思います。

夢や目標

店長になること。

column

ペットショップで働く人はどんな人たち？

この章では、人と生きものの暮らしを支える仕事をしている人の履歴書を紹介していますが、その中でも、実際に人と生きものをつないでくれる代表的な場所といえばペットショップ！　そんなペットショップで働いている17人に就職事情や仕事の楽しみ、将来の夢など、アンケートでお答えいただきました。

若手とベテランの比率は半々くらい

Q. 現在の年齢について

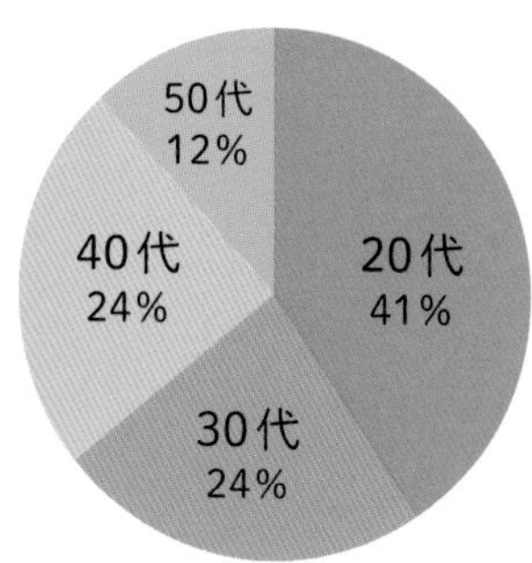

20代が半数弱と、若手が多い職業のようです。一方で、お店を支える30代以上の方も半分ほど。若手にとっては、ベテランの人たちに学びながら同世代の人たちと交流できるので、働きやすい環境とも言えそうです。

他業界から転職する人も多い

Q. 就職時期について

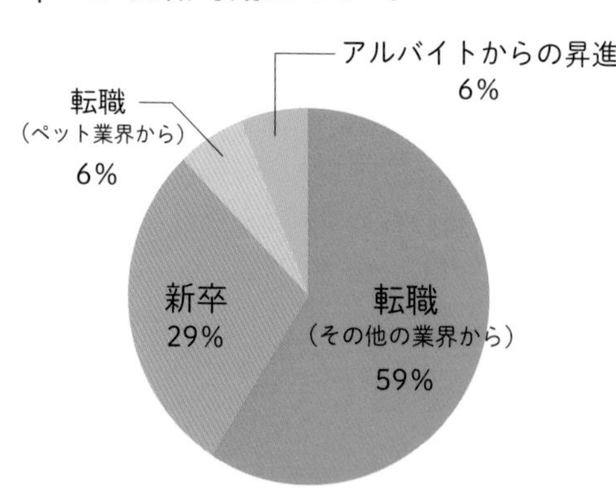

多いのはペット業界以外から転職してきた人。一度他の業界に就職するも、生きものが好きでペットショップで働きたいと考え、転職する人が多いのかもしれません。新卒から働く人は30%ほどですが、この中には若手からベテランまで幅広くいるとのことです。

小さい頃から生きものが好きだった人がほとんど！

Q. いつから生きものが好きですか？

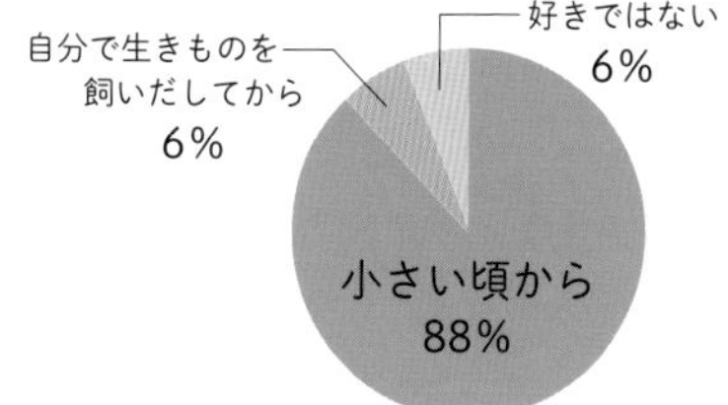

なんと、約90%の人が小学生以下の頃から生きものが好きだったと回答。まさに、ペットショップの店員さんらしい結果ではないでしょうか。生きもの好きな人ばかりが働くお店であれば、お客さんにとってもペットについての相談がしやすそうですね。

生きものに会うことだけではなく、人とのコミュニケーションも楽しんでいる！

Q. 仕事のやりがい・良いところ・楽しいところは？

色々な犬種に触れあえる。かわいいワンちゃんがたくさん来店されて見ているだけで楽しい

ペットと飼い主との橋渡しができる仕事で、自分たちの頑張りがペットの幸せにつながると思います

生きものを飼われる方々に色々とアドバイスできるのが楽しいです

生きものと触れあうことや、動物の知識を学ぶことを楽しんでいる人もいる一方、ペットを飼われる方へのアドバイスなど、接客を楽しんでいる方も多いようです。動物・接客のスペシャリストとして、日々楽しみながら働くことできるのは、生きものの仕事として魅力的ですね！

同じペットショップで働きながらも、抱く夢はさまざま！

Q. 将来の夢がありますか？

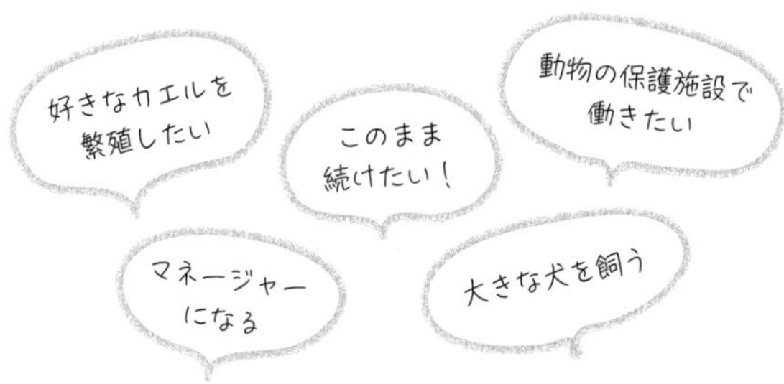

昇進・現状維持・転職といったキャリアの夢や、趣味の夢などさまざまな回答に。ペットショップ店員になったことがゴールではなく、そこをベースに自分の理想の生活や、やってみたいことに向けて進んでいるようです。

ご協力　ペットエコ多摩本店

動物のことを知りたくて、動物病院でトリマーを始める

名前	トリマーの 望月(もちづき) さん
現職	**かしの木動物病院　トリミング部門責任者**
主な仕事内容	**犬、猫のトリミング**
主な収入源	給料
生まれ	1989年
学歴	神奈川県立相原高等学校畜産科学科 日本ペットスクール
職歴	2008年　精密機器工場 2012年　ペットショップ併設サロン 2016年　神奈川県内動物病院、神奈川県内サロン 2020年　かしの木動物病院に就職
趣味	ドライブ、買い物

爪切りしようね～

＼私の目標は…／

これからもたくさんの動物と飼い主さんの幸せのお手伝いをしていきたいです。どんなことも安心して相談していただけるトリマーを目指します。

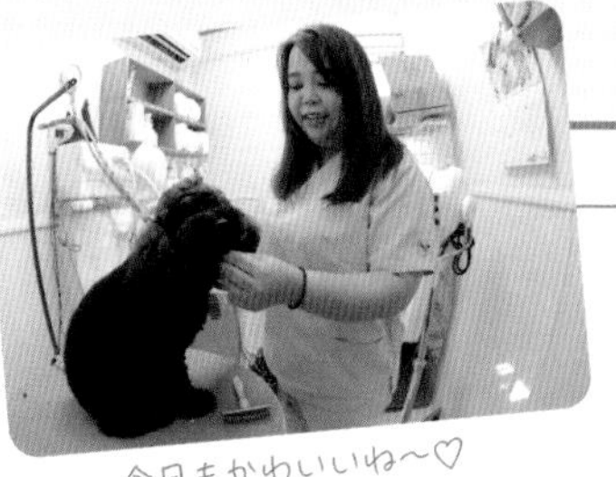

今日もかわいいね〜♡

現職を志した理由

子供の頃から動物が大好きでぼんやりと動物関係の仕事がしたいと思っていました。中学時代にトリマーという職業を友達から知りビビビッときました！（笑）

現職につくまでの経緯

高校卒業後に専門学校に通いたかったが、とりあえず一般企業に就職する。お金を貯めて学校に通おうと思っていたが、私生活が楽しすぎて一時夢を忘れてしまう。その後お金を貯めて学校に通う。ペットショップ併設のサロンで働き始め、愛犬2頭と出会いトリマーとしてたくさん揉まれる。愛犬が大病を患ったのをきっかけに「私って動物のこと何にも知らないじゃん……」と思い、動物病院で働くことを考える。

現職につくために努力したこと

つくために努力したことはあまりないと思っていますが、トリマーについてからは大変でした。常に新しい課題が出てきて苦労したなぁと思います。課題を解決するために、休日に練習したりセミナーを受けたり。動物病院で働くようになってからはたくさんの本を読み、病気の知識をつける努力をしました。まだまだこれからも学び続けなくてはと思っています。

「わんちゃん達を
うまく保定するには？」
「もっと早く終わらせて
あげるためには？」
「カットを上手くなるには？」など、
課題はたくさん…！

仕事のやりがい

かわいくカットするのはもちろんですが、動物病院は先生と連携してトリミングを行えるので、皮膚炎などがある子には先生の指示のもと薬浴を行ったりしています。改善されると「この子のつらさが軽減されたんだ！」とやりがいを感じるとともに、この仕事のすばらしさを感じます。

生きもののお仕事につきたい若者や家族へのメッセージ

私は「動物が好き！！」って気持ちで突っ走ってきました。辛いこともたくさんあり、挫折しそうになったこともありました。そのたびに家族や友人などたくさんの方に助けてもらって今の私がいます。

ここでは
紹介しきれないほどの
すてきな出来事に出会える、
とってもすばらしい
職業ですよ〜！

独立して出張トリミングカーをスタート！

名前	トリマーの**加藤**（かとう）さん
現職	**トリミングカー「Trimming An」代表**
主な仕事内容	**出張訪問でのグルーミング、トリミング**
主な収入源	トリミング、フードおやつ・用品販売
生まれ	1988年
学歴	ベルエポック美容専門学校中退
職歴	動物病院やトリミングサロンに就職の後、独立してトリミングカー「Trimming An」を立ち上げる
資格	学校認定トリミング資格、普通自動車免許、ペットセーバー
趣味	わんことアウトドアな遊び（SUP、ディスクなど）

＼私の目標は…／

トリミングだけでなく、飼い主様に向けたお手入れ講座やわんこの食育について発信していきながら、保護活動に協力していきたいと考えています。

現職につくまでの経緯

美容専門学校中退後アパレルなど他業種を掛け持ちで働きながら、トリミング専門学校に通い資格を取得。その後、動物病院やトリミングサロンを経て独立し、フリーランスでトリミングのお仕事を開始しました。以前から出張型のトリミングの需要を感じていたため、トリミングカーで訪問するというスタイルで事業をスタートしました。

仕事のやりがい

わんこが喜んでお出迎えしてくれる瞬間や、飼い主様にお返しの際に喜んでもらえたり、ありがとうと言っていただける瞬間がとてもうれしいです。トリミングで異変や異常に気がついて、動物病院へいち早くうながしてあげられることも多々あります。

出張トリミング中！

生きもののお仕事につきたい若者や家族へのメッセージ

まだまだトリマーは技術職として認知の低い業種ですが、わんこのトリミングはお手入れだけでなく病気、トレーニング、食事などいろいろな知識を常にアップデートしていかなくてはいけないお仕事です。体力が必要な面もありますが、わんこや飼い主様に必要としてもらえること間違いなしで、とてもやりがいのあるお仕事です！

オーダーメイドのトリミングカーでうかがいます◎

ゴリラの写真集も出している！ 伝説の名物調教師

名前	馬の調教師の **小檜山**（こびやま）さん
現職	馬の調教師
主な仕事内容	JRA内の厩舎の経営・マネジメント
主な収入源	管理馬がレースで獲得する賞金 （9着までは賞金が出る！ その賞金の1割が調教師の取り分）
生まれ	1954年
学歴	東京農工大学

現職を志した理由

馬をやりたくなったのは、アフリカにいた頃、自分の練習場を持っているポロの選手が友人の知り合いで、毎日のように乗っけてもらっていた。日本に帰ってから、馬乗りになろうという志はずっとあって、なおかつ競馬が好きだったから、馬術部がある学校で、東京競馬場に近いところを順番に受験し、農工大で馬術部に入部。競馬場でバイトしているうちに、競走馬に関わる仕事がしたいと思った。

子供の頃は親の仕事で
海外（主にアフリカ）を行ったり来たり！
現在は調教師になるためには、
JRAの競馬学校に通う必要があるが、
当時はなかった。
私も調教師の試験を受けたが、
10回目で合格（試験は一次が学科、
二次が質疑応答で非常に難関）。
調教師の知り合いから
「自分のノートを貸すから
勉強しろ」と言われ、
（そういえば今まで勉強してこなかったな……）
と思い、ノートを書き写す。
その次の年に受かった。

現職につくまでの経緯

卒業後は牧場で働いていたが、知り合いの紹介で27歳のときに美浦トレーニングセンターに調教助手として入る。12年間助手をやり、1995年に免許をもらって、翌年に厩舎を開業。現在26年目。

厩務員、調教助手、
騎手など計16人が働く厩舎を経営。
馬の世話やトレーニングは
それぞれ厩務員と調教助手が
担当する。

名前	馬の調教師の **小手川**(こてがわ)さん
現職	**馬の調教師**
主な仕事内容	**JRA内の厩舎の経営・マネジメント**
主な収入源	管理馬がレースで獲得する賞金
生まれ	1971年
学歴	ひみつ

JRAに入るには、競馬学校に入る必要がある。当時は競馬学校は難関で、受験資格には牧場などでの勤務経験が必要だった。今ではそのような経験はなくとも受験が可能。調教助手時代は、クセのある馬ばかり担当。調教師の先生が任せてくれたこともあり、引き出しが増えた。

現職につくまでの経緯

大学時代に競馬新聞でバイトをしていたが、競馬に関わる仕事がしたいと思い、大学を中退し、牧場へ。牧場で乗馬や馬の世話を3年ほど経験し、JRAの競馬学校へ入る。最初は厩務員として働き、調教助手へ。2018年に調教師試験に受かり、2020年に厩舎を開業。

現職につくために努力したこと

調教師になると、経営がメインになってくるので、労務管理や馬主さんとの会話、マネジメント能力やコミュニケーション力が必要となり、人間性が試される。何か言われてもへこたれないような精神力が必要。

仕事のやりがい

馬には正解がないが、その中で競馬は着順という結果を求めなければならない。気性の難しい馬もいて、試行錯誤しながら考えながらやっていって、着順という結果に出ると喜びになります。

生きもののお仕事につきたい若者や家族へのメッセージ

キツイし、ひとつ間違えれば危険な仕事ですが、馬は愛情をもって接すれば応えてくれます。自分のスタッフにも、必ず馬にしゃべりかけるように、そして絶対に悪口を言わないようにと指導しています。悪口は絶対に馬に伝わってしまう。一方で愛をもって話しかけることで、毎回ビリの馬の順位がよくなることがある。愛情をもって接することが最も大事です。

乗馬一筋のベテランです

名前	乗馬インストラクターの**川添**(かわぞえ)さん
現職	**柏乗馬クラブ　インストラクター**
主な仕事内容	**お客様へのレッスンや馬のお世話**
主な収入源	給料
生まれ	1971年
学歴	神田外語学院
職歴	1990年より柏乗馬クラブに就職
資格	日本馬術連盟騎乗者A級、全国乗馬倶楽部振興協会ブリティッシュ中級、普通自動車免許
趣味	パンダの観覧やグッズを集めたり、好きなアーティストさんの応援をすること

＼私の目標は…／

お客様に喜ばれる馬を育てること。馬とクオリティーの高いパフォーマンスをして、それを見ていてくださる方に感動してもらいたい。

レッスン中！

現職を志した理由

子供の頃から動物が好きで、友達と乗馬スポーツ少年団に入り、馬の魅力に引き込まれました。

現職につくまでの経緯

小学校６年生のときに友人に誘われて少年団に入り、高校を卒業すると同時に少年団も卒業、専門学生のときにその乗馬センターでバイトをし､縁あって柏乗馬クラブ（とても馬を大切にしている乗馬クラブだったため）に入社しました。

人がお世話をしないと
生きていけないので
責任重大ですが、
その分馬からは必要と
されている喜びを感じます。
とにかくかわいいです！

仕事のやりがい

お客様が上達したときや、馬の成長が感じられたとき、人馬一体の感覚が得られたとき。

生きもののお仕事につきたい若者や家族へのメッセージ

生きもののお仕事は休みが少なく、お世話も大変ですが、愛情を注ぐとそれ以上の喜びが返ってきます。好きだから続けていられると思います。

自身も乗馬技術を磨きます

高校馬術部を卒業後、結婚して乗馬インストラクターに

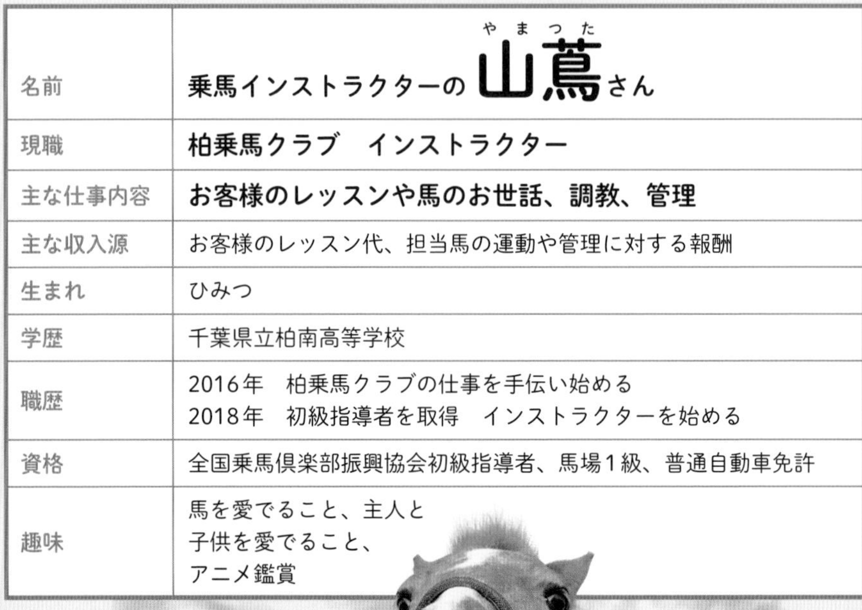

名前	乗馬インストラクターの **山蔦**(やまつた)さん
現職	**柏乗馬クラブ　インストラクター**
主な仕事内容	**お客様のレッスンや馬のお世話、調教、管理**
主な収入源	お客様のレッスン代、担当馬の運動や管理に対する報酬
生まれ	ひみつ
学歴	千葉県立柏南高等学校
職歴	2016年　柏乗馬クラブの仕事を手伝い始める 2018年　初級指導者を取得　インストラクターを始める
資格	全国乗馬倶楽部振興協会初級指導者、馬場１級、普通自動車免許
趣味	馬を愛でること、主人と 子供を愛でること、 アニメ鑑賞

馬のことを知らない人に馬のすばらしさを知ってもらいたい。触れあったことのない子供たちに乗馬体験をしてもらえるような機会をつくったり、普及活動をしていきたい。

現職を志した理由

子供の頃から動物に対してあこがれがあり、動物と関わる仕事がしたいと思っていた。

現職につくまでの経緯

高校の受験校を決める際に馬術部のある学校を見つける。この学校に行くしかないと心に決め高校に進学。高校在学中インターハイ出場、現在の夫にコーチをしてもらい運命的な出会いを果たす。卒業後結婚。4人の子供を育てながら家業である柏乗馬クラブにて仕事を始める。

仕事のやりがい

僕、ポニー。
40キロくらいは
軽々乗っけられるよ

自分の担当馬の成長を感じたとき。自分が成長しないと馬を成長させることができないが、自分が馬に教えているつもりが教えられたり、馬とともに成長できるところ。お客様が乗る前に下乗りをして安全に騎乗してもらえたとき。レッスンをしてできるようになったことをお客様と一緒に喜んだり、できないことを一緒に考えたり馬を通していろいろな感動を共有できるところ。

生きもののお仕事につきたい若者や家族へのメッセージ

好きであれば何事も楽しくできます。体力的にはハードな仕事だと思いますが、毎日充実しています。それは自分の興味のあることやりたいことだからです。大人になって働く時間は人生の中で長い時間になると思うので、自分が楽しんでできる仕事かどうかを考えるといいと思います。

馬の仕事は、馬が好きか、かわいがれるかが重要。
子供を見ていると、
やっぱり馬が好きな子は
自分から
どんどん学んでいく。

名前	ドッグトレーナーの**飯島**（いいじま）さん
現職	「犬のようちえん」代官山教室　ドッグトレーナー
主な仕事内容	しつけ教室（子犬が通園するスタイル）のドッグトレーナー
主な収入源	給料
生まれ	1993年
学歴	4大卒（文学部）
資格	普通自動車免許、日本ドッグトレーナー協会ライセンス、 愛玩動物救命士

現職を志した理由

大学在学中、日本の殺処分の現状に触れる機会があり、「飼えないから」という理由で飼い主が保健所に捨てにくることも多いと知り、大きなショックを受け「しつけが出来ていないという理由で捨てられる子を減らしたい」「世界中の犬が最期まで愛されてほしい」そう思ったことが家庭犬のトレーナーを目指したきっかけです。

現職につくまでの経緯

まずは自分がどのようなトレーナーになりたいかを明確にすべく、国内・海外のトレーナーさんについて沢山調べました。自分の考える理想像とマッチし、理念に共感できるトレーナー養成スクールで学びたいと考え、アニマルプラザ「ドッグトレーナーズカレッジ」を選びました。

飼い主さんや犬、教室の清潔感、トレーナーさんの雰囲気など、実際に見て感じて思うことを大切にしました。
犬も人も、楽しく学ぶことが何よりも成長スピードを上げると考えています。

生きもののお仕事につきたい若者や家族へのメッセージ

ドッグトレーナーはすばらしい職業です。プロのトレーナーとしてしつけを教える立場ではありますが、飼い主様や犬から学ぶことも多く、常に自身を成長させられる環境で仕事ができていることに感謝しています。動物が好き・犬が好きという方は「飼い主と犬を幸せにするために仕事をする」という選択肢をぜひ視野に入れてみてください。

4章

生きものを調べたり研究したりする仕事

仕事の種類は多岐に渡りますが、この章では主に生きものの調査・研究などの専門的な仕事として、大学の先生、博物館学芸員、野生動物の調査、標本士まで、さまざまな仕事を紹介します。

大学の先生

大学の先生は、専門分野の研究と学生の教育が主な仕事です。研究者として自身の研究を行い、学会誌に論文を投稿し研究成果を出します。一方、大学の講義や、研究室に所属する学生の指導、学校の運営に関わる事務なども行うので仕事は多岐に渡り、その量も膨大です。はじめは講師（もしくは助教授）として勤務し、研究を続け実績を出すことで准教授、教授とステップアップしていきます。

なるには？ 教員免許のような資格は必要ありませんが、研究者として大学で働くには、博士号の取得が必須です。所持する博士号の分野で助手や助教、講師の募集や欠員が出たところに応募し、採用となった場合に働くことが一般的ですが、なかなか自分に適した分野の募集が出なかったり、あったとしても准教授や教授などある程度の実績を必要とする募集だったりと、博士号取得後にすぐに大学の先生になるのは、非常に狭き門と言えるでしょう。

博物館学芸員

博物館学芸員は、調査研究、資料の収集・保存・整理、教育普及を主に行う、博物館における専門的な職員です。博物館には、総合博物館・科学博物館・歴史博物館などさまざまあり、学芸員はその中で研究・展示や解説も行うので、勤務先に応じた専門知識が必要となります。

なるには？ 博物館学芸員になるには、学芸員の資格が必要で、多くの人は大学在学中に取得します。博物館学芸員の募集は欠員が出たときにかぎり、狭き門であるため、募集の情報を入手するために、博物館のボランティアに参加するなど博物館や研究機関とのつながりをもつ努力が必要なようです。

野生動物の調査

野生動物の調査は、それだけを専門にしている職業はかぎられており、基本的にはさまざまな業務の一環として行うことが多いです。

環境コンサルタントは、主に行政・企業からの依頼を受け、動物や植物の生息する範囲や個体数などの調査、農作物や在来種を守るための害獣の駆除、開発や観光事業などに役立つ資料を集め報告書を制作する仕事です。環境コンサルタントを事業として行う会社に社員として就職するのが一般的です。また、そういったコンサルタント会社や公的機関などから依頼を受け、フリーランスで仕事をする人もいますが、しっかりした経験や人脈がなくては成立しない上に、収入はとても不安定です。

そのほか、環境省に入省し、国家公務員である自然保護官（レンジャー）として、国立公園で自然環境や動植物の保護のための調査を行う仕事もあります。

なるには？　環境コンサルタント会社の求人は新卒・経験者ともに募集は多く、比較的間口は広めです。必須資格は自動車運転免許くらいですが、大学や専門学校で生態学や環境保全について学ぶ人が多いようです。レンジャーは国家公務員試験を受けて、環境省の自然系職員として採用される必要がありますが、自然系職員にもさまざまな業務があり、必ずしも希望の業務につけるとはかぎりません。

そのほか

●標本士

研究や博物学に絶対に必要な仕事として標本の製作があり、海外の博物館では標本を専門に作る仕事があるようですが、日本では研究員や学芸員の仕事のひとつとして位置づけられていて、専門の標本士という仕事は成立していないのが現実です。

●大学や学芸員以外の研究機関

募集は少ないため、応募する場合は積極的に情報を入手する努力が必要です。

●高校教師

生物の授業や実習、部活などで、教育を通して学生に生きものの魅力を伝えるほか、大学で修士号・博士号などの学位を取った後に教員として就職し、自身で研究を続ける人もいるようです。

生きものを調べたり研究したりする仕事を見学！

博物館の学芸員の仕事は生きものの調査や研究。標本など、博物館の資料を保管・管理もする。

展示物の解説や講演、ワークショップなど、「人へ伝える力」も学芸員には必要。

フィールドでクマの調査中……

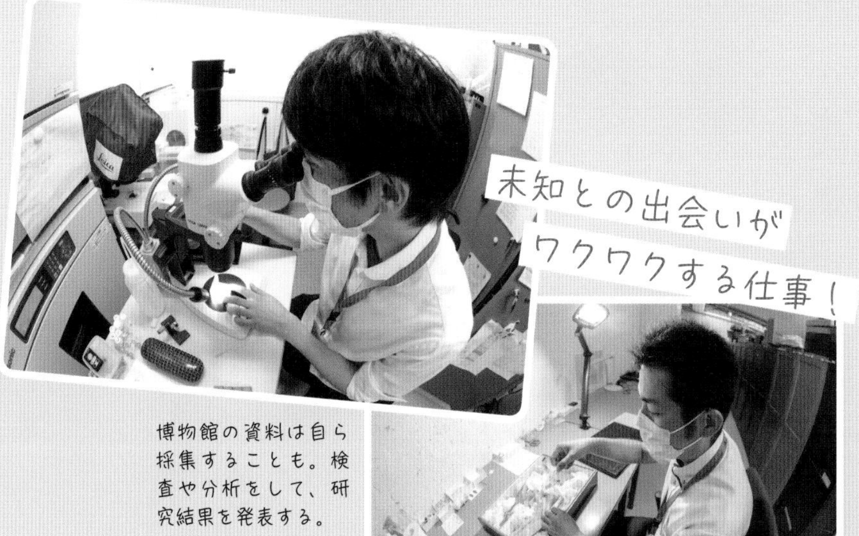

博物館の資料は自ら採集することも。検査や分析をして、研究結果を発表する。

海外の博物館では、標本づくりを専門にする職業もある。生きもの研究に欠かせない仕事のひとつ。

博物館の
学芸員は地元の
自然史研究を支える一員。
地元の人に広くそれを伝えるのも大事な仕事。

うしろに積まれて
いるのは大量の
昆虫標本たち……！

サンゴの調査中に若いウミガメを
見つけた！

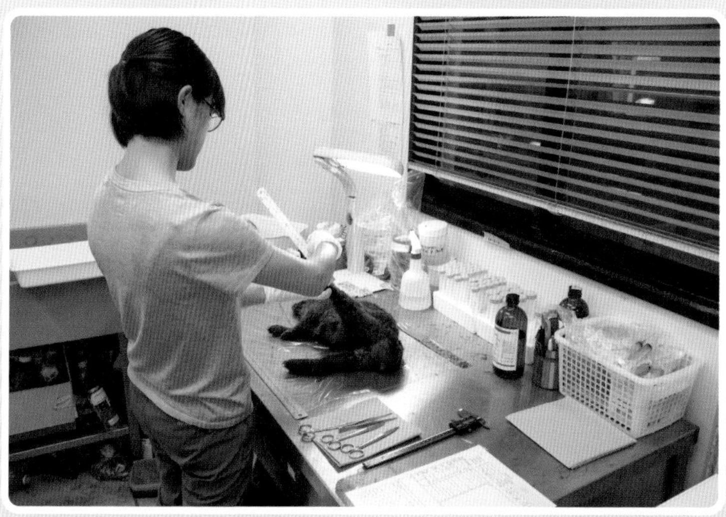

生きものの解剖や、標本づくりなど、フィールドワーカーの知識や技術は幅広い！

野生生物フィールドワーカーの仕事は、野生生物の数や種、生態などを調査すること。

記録のために撮影中……

みんな、びっくりさせてごめんね！

調査員の仕事をしている人のなかには、調査を重ね論文として発表するなど、自らテーマをもって研究を進める人も。

鳥類標識調査は、鳥の数や種を調べたり、渡り鳥のルートを調べたりするのに役立つ。

野鳥の調査は、環境の調査・保護につながる大事な仕事！

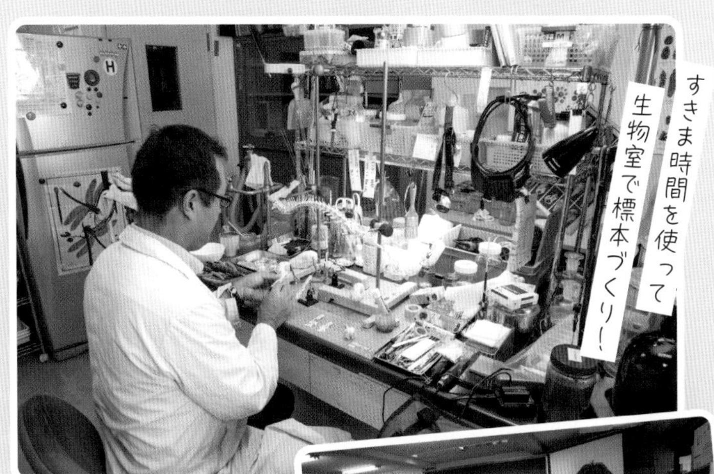

すきま時間を使って
生物室で標本づくり！

高校の教員として働きながら、学生たちと一緒に調査・研究を行う人もいる。

大学の先生の仕事は、調査・研究、講義、学生の進路指導、事務作業など、とにかくいろいろ！

猫の気持ちが知りたくて、猫の研究者になりました！

トンボを追い続けた結果、博物館に就職することに

名前	**博物館で研究を行う 清（きよし）さん**
現職	**国立科学博物館 動物研究部 陸生無脊椎動物研究グループ**
主な仕事内容	**不完全変態昆虫（主にトンボ類）の研究・標本管理、学習支援活動など**
主な収入源	給料
生まれ	1979年
学歴	1998年　滋賀県立膳所高等学校 2004年　京都大学理学部 2009年　京都大学大学院理学研究科 博士後期課程（理学博士）
職歴	2009年から京都大学生態学研究センター教務補佐員や研究員を経て、2011年より国立科学博物館研究員につく。2019年から同・研究主幹。
資格	博士（理学）
趣味	昆虫採集、プロ野球観戦 （阪神ファン）

標本整理は永遠に終わらない仕事…

＼私の目標は…／

メガネウラ（古生代の超大型トンボ型昆虫）を捕まえる。現在見つかっている史上最大の昆虫化石であり、誰も生きている姿を見たことがないことにロマンを感じる。

現職を志した理由

科博は昆虫多様性研究の一大拠点なので就職したいと思いました。

現職につくまでの経緯

小学生から高校生くらいまでは実家の目の前にある森で昆虫採集ばかりしていた。大学入学当初は植物の進化の研究をするつもりだったが、サークルの先輩たちに影響を受けトンボの研究を志すようになった。大学院では主にオニヤンマの東アジアでの地域分化について、遺伝子と形態の両方の側面から研究した。博士号取得後は２年ほど不安定な博士研究員の職につくが、たまたま目に入った国立科学博物館の公募にチャレンジしたら就職が決まってしまった。

現職につくために努力したこと

大学院で一貫してトンボ類の多様性（主にオニヤンマ）の研究をしたことが就職に結びついたと思う。博士号を取るまでは、後先のことはあまり考えなかった。好き勝手やらせていただいた指導教官には感謝している。研究室選びは大事ですね。

未知の生きものとの出会いは感動的。調査後の研究で、徐々にその種のことが明らかになっていくのもワクワクします。採集した生きものの標本を整理し保管するのは、博物館研究者の大事な仕事。「後生へ資料（標本など）を残すこと」は博物館の役目のひとつでもあるからです。

仕事のやりがい

一番楽しいのは海外調査などで新種のトンボ、特にヤンマなどを捕まえたとき。

生きもののお仕事につきたい若者や家族へのメッセージ

生きものを扱っている博物館関連の職場は、案外多様性があります。人気のある生きものばかりに群がっていては競争率が上がるばかり。人のあまりやっていない研究にも目を向けるようにしましょう。博物館学芸員を目指すためには学芸員資格に加え、修士号や博士号が求められることが多いです。大学院選びなどきちんと考慮しましょう。

論文執筆のために標本で調べものをします

分子生物学、分類学、行動学、農学など、どんな研究がしたいか掘り下げるのも大事。研究職は不安定な職。食っていける保証はないですが、日がな一日好きなものを追える「自由」があります。ハイリスク・ハイリターンな仕事です。

小さな昆虫の魅力＆おもしろさを発信したい！

名前	博物館で研究を行う **井手**（いで）さん
現職	国立科学博物館 動物研究部 陸生無脊椎動物研究グループ
主な仕事内容	ハチを中心とした昆虫の調査研究、標本資料の管理、展示の監修や講演、学習支援活動
主な収入源	給料
生まれ	1986年
学歴	2002年　長崎県立長崎西高等学校 2005年　宮崎大学農学部食料生産科学科 2009年　九州大学大学院比較社会文化学府 国際社会文化専攻修士課程 2011年　九州大学大学院比較社会文化学府 国際社会文化専攻博士後期課程
職歴	2012年　日本学術振興会特別研究員（DC2） 2013年　日本学術振興会特別研究員（PD） 2014年　独立行政法人森林総合研究所特別研究員 2017年　現職
資格	博士（理学）、普通自動車免許
趣味	生きものの観察

ちっちゃい生きものなので顕微鏡は必須…！

＼私の目標は…／

まだ見ぬ昆虫に出会って研究して、博物館での活動を通してそんな昆虫のことをもっともっと紹介したい！

指先に乗る小さなタマバチ
（井手さん撮影）

現職を志した理由

生きものが好きだったことが一番の理由。何かを調べたりまとめたり、写真を撮ったりイラストを描いたりするのも好きで、博物館の研究職はそれを全部詰め込めると思ったから。

写真やイラストは研究発表や、博物館の展示でも使えるので。

現職につくまでの経緯

生きもの好きがきっかけで入った高校の生物部で昆虫学の世界にはじめて触れた。大学は昆虫も含め、さまざまな生きものについて学べそうな学科を選び、大学院でタマバチの研究で博士号を取得した。任期付研究員を経て現職に。

大学院生の頃からタマバチの研究をしています。植物に虫こぶをつくるという小さなハチの不思議な生態に魅了されています！

現職につくために努力したこと

研究成果を論文や講演会などで発信し続けることに努めた。

仕事のやりがい

好きな生きものの研究ができるだけではなく、展覧会や講演会など、大学や研究所とは一味違う形で、専門性を活かして紹介できること。

タマバチは昆虫研究の中ではマイナーですが、その分、わかっていないことが多く、まだ見ぬ新種もたくさん。私も新種を発見し、論文にして発表しました。

生きもののお仕事につきたい若者や家族へのメッセージ

数ある生きもののお仕事の中でも、もし大自然の中で暮らす生きものが好きなら、研究職ほど魅力的な仕事はないかもしれません。研究テーマ次第では、日本はおろか世界中の自然を舞台に駆け回るので、本やテレビの中でしか会えないような野生の生きものたちの生態を目の当たりにすることができます。研究職は狭き門。就職までに長い時間がかかるのが普通ですが、その時間も含めて楽しめれば、きっと最高の生きものの仕事のひとつだと思います。

大学院に進学してから就職するまでの長い時間は、将来のことを考えて不安になることもあります。でも、好きな生きものにこれでもかと熱中できる時間でもあるので、上手に楽しんで前に進みましょう！

いろんなタマバチを育てて研究しています

4章 生きものを調べたり研究したりする仕事

名前	博物館で研究を行う 清水（しみず）さん
現職	**富山市科学博物館　学芸課　学芸員　脊椎動物担当**
主な仕事内容	**調査研究、資料の収集と保管、展示、普及教育など**
主な収入源	給料
生まれ	1989年
学歴	2007年　私立和光高等学校 2011年　東京農業大学 農学部 バイオセラピー学科 野生動物学
職歴	2012年～2013年　進化生物学研究所　研究補助員 2013年～2018年　神奈川県公園協会　管理主任 2019年～　現職
資格	学芸員資格、普通自動車免許
趣味	動物観察、標本づくり、図鑑収集

＼私の目標は…／

富山県で過去に確認されたコウモリを全種確認し、新たな種類の生息を見つけること。日本全国にくらすほ乳類の野生の姿を自分自身の眼で観察すること。

現職を志した理由

高校生のときからモグラ、ネズミ、コウモリが大好き…

生きものを観察することが好きで、高校･大学と動物にくわしい恩師に出会い、好きなことを活かそうと思ったときに博物館の学芸員こそと感じたため。

現職につくまでの経緯

大学中に就活がうまくいかず、卒業の数日前に学芸員課程を指導する教授から、進化生物学研究所に所属しながら働く先を探せと声をかけてもらう。その後、実習でお世話になった相模原市立博物館の学芸員から宮ヶ瀬ビジターセンター（現在は閉館）で、インタープリターのアルバイト募集を紹介してもらい、働き始める。3か月後に別部署の公園で働かないかと誘ってもらい、自然解説のできる公園管理の職員に就職。3年ほど経ったあたりから、やはり自分の好きなことを活かせて研究できる仕事がしたいと博物館学芸員の募集を探しては受けるように。2018年に現職に転職。

自然史系博物館の
学芸員には大学院修士卒以上の
学歴の人が多いかも。
現在の職場でも学芸員12名の内、
学部卒（4年生卒）は
私だけです。

私自身は大学院に進まず
仕事につき、
そこで学んだことや
出会った仲間たちのおかげで、
今があるので
後悔はしていませんが、
これからの時代には
必要なのかなと感じます。

現職につくために努力したこと

公園管理の仕事に従事しながらも、生きもの観察を続けたこと。動物好きの仲間を見つけて共に楽しんだこと。新しい知見を見つけたときにはその地域の博物館へ報告書を出して公表すること、学芸員は公務員であることが多いので、公務員試験の勉強を続けたこと。

仕事のやりがい

自分が好きで続けてきた動物の観察や研究が展示になって市民の方に楽しんでいただけたり、観察会などで生きものの魅力を市民の方々と共有できたとき。

フィールドで生きものの調査もします！

地元の博物館で、地元の自然の魅力を伝える

名前	博物館で研究を行う **平城**（ひらぎ）さん
現職	**奄美市立奄美博物館　学芸員**
主な仕事内容	**博物館に関すること**（資料の収集・保存、教育普及活動、企画展の開催など）、**天然記念物の保護に関すること**
主な収入源	給料
生まれ	1991年
学歴	鹿児島県立大島高等学校 琉球大学 理学部 海洋自然科学科 生物系
職歴	2016年　奄美市役所入庁
資格	学芸員、普通自動車免許
趣味	生きものの観察・撮影、旅行

企画展ではどれを出そうかな〜

＼私の目標は…／

私が在籍している間に、奄美関連の自然資料を可能なかぎり収集したい。それらの資料を整理し、奄美博物館を自然史研究に貢献できる博物館にしていきたい。個人的な目標は写真に関すること。奄美大島に生息・生育する生きものを1種でも多く撮影し、写真展を開催したり、個人ブログで紹介したりしながら、日本全国に地元の魅力を発信していきたい。

現職につくまでの経緯

2016年、奄美市役所に一般事務職として入庁。採用1年目から奄美市立奄美博物館（教育委員会文化財課）に配属。4年間、学芸員補として勤務したのち、文化庁が実施している審査認定試験を受験し、学芸員の資格を取得。2022年より博物館の学芸員（自然分野）となる。

子どもたちと自然の話をするのは楽しい！

現職につくために努力したこと

年間120日ほど、野山に繰り出しています！

博物館の学芸員といえば、専門分野（私の場合は自然分野）に関することは何でも知っていると思われがちである。特に地域博物館の場合は、学芸員の職員数もかぎられているため、自らの専門外のことについても、幅広い知識を習得しておかなければならない。大学生の頃までは主にほ乳類と鳥類に興味をもっていたが、学芸員補として働くようになってからは、両生類・爬虫類・昆虫類・植物などの分類群のことを学ぶために積極的にフィールドへ出るようになった。そして、自宅には図鑑や専門書などの書籍が一気に増えた。

仕事のやりがい

一番のやりがいは、生まれ育った奄美大島の生きものに関わる仕事ができていること！

これまで博物館に所蔵されていなかった資料が収集できたときや、教育普及活動を通して、子どもたちと一緒に地元の自然の魅力を感じられることに喜びを感じる。

生きもののお仕事につきたい若者や家族へのメッセージ

幼少期のうちは、おうちの周りなどで見られる生きものを探して、さわって、飼育して、生きものと触れあう時間をたくさんつくってほしい。私は大学生の頃、国内外の生きものをとことん観察・撮影したいという思いが強くて、時間とお金が許すかぎり、生きもの探しの旅に出かけた。そのときはただ好きでやっていたことも、今となっては子どもたちの環境教育をする際に、非常に貴重な財産となっている。

ご家族の方は、可能な限りお子さんの興味関心に寄り添っていただけれたらと思います。

標本づくりを学ぶため、単身ドイツへ武者修行

名前	標本士の相川（あいかわ）さん
現職	**ケーニヒ動物学研究博物館　標本士**
主な仕事内容	**博物館の標本**（研究標本＆展示標本・ジオラマ）**などの作製**
主な収入源	給料
生まれ	1976年
学歴	自由の森学園高等学校 ボーフム市立高等職業専門学校 生物科
職歴	2000年　ヘッセン州立ヴィースバーデン博物館自然史部（ドイツ） 2008年　フリーランスの標本士（日本） 2018年　ケーニヒ動物学研究博物館（ドイツ）
資格	動物学標本士、普通自動車免許
趣味	概して指先を動かす作業は楽しくて好き(特別に器用というわけではないですが…)。

鳥類の標本を作製中…

＼私の目標は…／

日本の博物館の標本作製技術の底上げに関わりたいと、意気軒昂帰国したはずだったんですがね……これからは別のアプローチが必要です。まだあきらめたわけではないです！

現職を志した理由

高校生のときに標本づくりにのめりこみ、長い休みの度に、北海道はじめ各地の海岸へ漂着死体（材料）を拾いに行きました。高校卒業後、もっと専門的に学びたいと思い、ダメもとでドイツにあるという標本づくりを学べる学校を探していると、運よく見つけることができました。後先考えずに入学し、その時点ではこの仕事につくことまでは考えていませんでした。

現職につくまでの経緯

標本技術を学校で学んだとはいえ、一人前と呼べるには程遠かったので、どこかで修行をとヴィースバーデンの博物館へ見習いとして入り込みました。修行中、日本の博物館でも活動したいという気持ちがだんだん強くなってきたので、2008年に帰国。日本の博物館には標本士がいないことは知ってはいたけれど、どこかに潜り込めるだろうと楽観していたもののそうもいかず、フリーランスという名の標本士浪人をしていました。帰国から10年後、日本では難しいと見切りをつけ、今いるドイツの博物館に就職し、標本士として日々楽しく仕事しています。

ヴィースバーデンの博物館は規模が小さめだったので、何でも自分でやりました。鳥やほ乳類をはじめ、さまざまなタイプの標本や模型、レプリカ、ジオラマづくりととても勉強になりました。

仕事のやりがい

標本が資料として保管され、地域の自然史を記録するという博物館の活動の中に自分も専門家として一枚かんでいると、社会と歴史の形成に自分も参加しているようでうれしいです。こういう気持ちを日本でこそ持ちたかったです。

今まで手掛けたことのない動物種を標本にするときはそれだけで楽しいです。

生きもののお仕事につきたい若者や家族へのメッセージ

羽をきれいに整えて…完成間近！

標本士という仕事は日本では認知されていない、とても残念な職業なので安易におすすめはしませんが、「やりたい気持ちがあれば必ずどこかに可能性はある」というよい例かもしれません。国境なんぞを、気持ちや可能性の境界にする必要はどこにもないと思います。

名前	環境省の自然保護官（レンジャー）の**原中**（はらなか）さん
現職	**環境省 羽幌自然保護官事務所 自然保護官（レンジャー）**
主な仕事内容	**絶滅危惧種ウミガラスの保護活動**
主な収入源	給料
生まれ	1992年
学歴	2008年　岐阜県立岐山高等学校 2012年　北里大学 獣医学部 獣医学科
職歴	2018年　環境省（一般職）入省 釧路自然環境事務所 国立公園課 係員 2020年　羽幌自然保護官事務所 自然保護官
資格	獣医師免許（現職では使っていないです）

現職を志した理由

小さい頃から自然と野生動物が好きで、はじめは傷ついた野生動物を治療する獣医師になりたいと思っていましたが、大学の部活動で野鳥観察を学び、自然の中の生きものの姿を双眼鏡でそっと見守るくらいの距離感が自分には合っているのかなと思うようになりました。今ある自然や生きものがこれからも当たり前にそこにあるよう、人と生きものの共生を考え続けられる仕事につきたいと考えたことがきっかけです。

現職につくまでの経緯

自然系職員は2〜3年で転勤があり、全国各地で環境に関わるさまざまな仕事を経験できますが、環境省を志した理由でもある希少種の保護に携わる仕事を希望し続けていました。

仕事のやりがい

国立公園や鳥獣保護区の近くに住み、地元の方々と一緒になって保護活動や地域活性化について考え、取組むことが楽しいです。未来を見据えた仕事なので、今後のウミガラスの増加も楽しみです。

今の仕事は、国内唯一の
繁殖地・天売島の
ウミガラスを増やすこと。
カラスなどの捕食者対策や
生息状況の調査なども。
事務仕事が多いけど、
現地に行くことも。

自然・観光・北欧を横断する人材になりたい

名前	環境省の自然系職員の **笠原**（かさはら）さん
現職	**環境省 自然環境局野生生物課　自然系職員**
主な仕事内容	**ワシントン条約の履行や種の保存法の運用を通じて、野生生物の保全と持続可能な利用を実現させること。野生生物の保全につながる観光のあり方を広めること。**
主な収入源	給料
生まれ	20世紀生まれ
学歴	東京農工大学大学院 農学府自然環境保全学専攻 農学修士 スウェーデン・ルンド大学大学院 環境学及び持続可能性科学修士
職歴	2009年　環境省入省 2016-2018年　人事院長期在外研究員（スウェーデンに留学） 2018-2020年　日本政府観光局（JNTO）出向、2020年-　現職
資格	学芸員

現職を志した理由

将来は自然を守る人になりたいと小学生の頃に獣医を目指し始めたが、高校時代、東京農工大学で自然環境保全関係で文理融合の学科に進学した先輩の話を聞き、獣医以外にも自然を守るための勉強ができること、野生動物の個体の保護や治療だけではなく、生態系の保全も重要であることを知り、進路変更を決意。大学時代、森林率の高い日本なのでまずは森林を学ばねばと、森林生態学を専門にする。先輩が環境省の自然系職員（いわゆるレンジャー）になったことで、レンジャーの存在を知る。森林を含め幅広い自然がフィールドとなり、また地域・現場レベルと国際レベルの業務に携われる職業につきたいと考え、環境省を志す。

現職につくために努力したこと

レンジャーになるためには常にアンテナをはって、情報収集。国際案件の担当としては、業務のツールである英語力の向上は欠かせないため、プライベートでも日々努めている。

レンジャーの仕事は
歴代レンジャーがつないで達成するもの。
先輩の「レンジャーは駅伝」の
言葉が忘れられない。
学びの毎日。再び大学院に
通うことも検討中。

野生生物のことを知るために、山から海まで歩き回る！

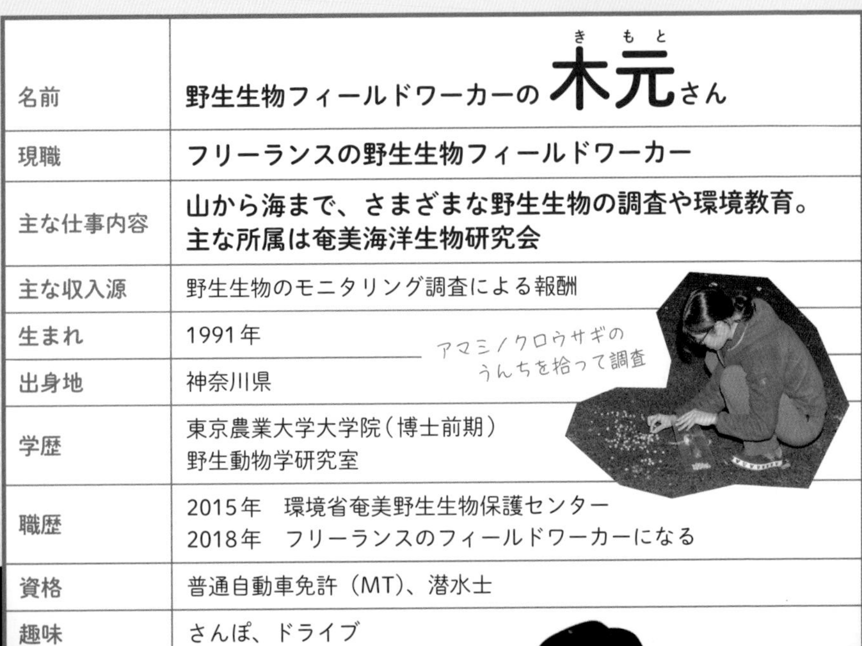

名前	野生生物フィールドワーカーの**木元**(きもと)さん
現職	フリーランスの野生生物フィールドワーカー
主な仕事内容	山から海まで、さまざまな野生生物の調査や環境教育。 主な所属は奄美海洋生物研究会
主な収入源	野生生物のモニタリング調査による報酬
生まれ	1991年
出身地	神奈川県
学歴	東京農業大学大学院（博士前期） 野生動物学研究室
職歴	2015年　環境省奄美野生生物保護センター 2018年　フリーランスのフィールドワーカーになる
資格	普通自動車免許（MT）、潜水士
趣味	さんぽ、ドライブ

アマミノクロウサギのうんちを拾って調査

＼私の目標は…／

一人でも多くの人に、野生生物の魅力を伝えたい。特に、山奥や秘境へ行かなくとも出会える身近に暮らしている生きものについて知って楽しんでもらうための環境教育に取り組みたい。

アマミノクロウサギ

現職を志した理由

大学の卒業旅行ではじめて奄美を訪れ、これまで見たことのなかったユニークな生きものにたくさん出会えたことに感動した。また、自分の祖父がこんなにすばらしい島の出身であったことに衝撃を受けた。奄美で野生生物に関する仕事につきたいと決心した。

フィールドで日々感じている生きものの魅力を地元の子どもたちに伝えるべく、小学校などで生きものに触れてもらう出前授業や観察会などもしています。

現職につくまでの経緯

大学院卒業後、奄美野生生物保護センターへ就職し、アマミノクロウサギを担当。仕事のかたわら、夜な夜な林道をセンサスしてはカエルやヘビなどの行動を観察したり、夏にはウミガメの産卵を見るために夜が明けるまで砂浜を歩き続けたりした。行政の立場ではなく、地元の立場として人と生きものをつなぐ仕事がしたいと思い、また、さまざまな生きものに興味があったことが縁で、2018年から地元の任意団体である奄美海洋生物研究会へ入会。現在はウミガメ、サンゴ、クジラの調査を中心に、野鳥、ほ乳類、両生類などの調査、希少植物のパトロールや、交通事故などで死亡した動物の解剖補助なども行っている。

現職につくために努力したこと

生きものの仕事に興味をもつのが遅かったので、周りの人に比べて圧倒的に知識も経験もなかった。それを補うために、寝る間も惜しんでフィールドに出て、生きもの探しや観察をしたこと。

ビジターセンターのアルバイトで自然の魅力を人に伝える技術も学んだ。

コウモリを探して洞窟へ

仕事のやりがい

日常生活では巡り会えないようなシーンに出会うことができたとき、過酷な調査の疲れや苦労がすべて吹き飛ぶほど感動する。またそれとは反対に、生きものの些細な行動にも目がいくようになるので、家の近所やいつも通る道などの身近な場所に暮らしている生きものたちの様子に気がつけるのもうれしい。

対象とする生物種が幅広いので、季節や場所を変え、毎日自然の中で活動できるのが楽しい。

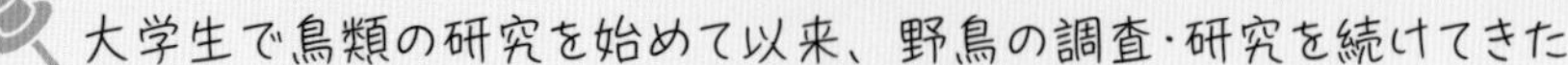

大学生で鳥類の研究を始めて以来、野鳥の調査・研究を続けてきた

名前	野鳥を調査・研究する **水田（みずた）** さん
現職	**公益財団法人山階鳥類研究所 自然誌・保全研究ディレクター**
主な仕事内容	**鳥類に関する調査、研究**
主な収入源	給料
生まれ	1970年
学歴	京都府立北稜高等学校 大阪市立大学 理学部 大阪市立大学 大学院 理学研究科 京都大学 大学院 理学研究科
職歴	2003～ 日本学術振興会特別研究員（PD） 2006～ 環境省奄美野生生物保護センター自然保護専門員 2019～ 現職
資格	博士（理学）
趣味	読書、散歩、旅行

捕獲した野鳥に足環をつけて……

＼私の目標は…／

多くの人に生きものの大切さ（生物多様性保全の重要性）を伝えられたらいいなと思う。自分が「おもしろい」と思える研究をどんどんやり、人にもその研究を「おもしろい」と思ってもらえるよう伝えていきたい。文章を書くことが好きなので、生きものの大切さ、研究のおもしろさを伝える書籍も出版したい。

現職につくまでの経緯

大学院生からポスドクの間、タイやマダガスカルで鳥類の生態学的研究をしていた。本当はそうした基礎研究を続けたかったが、自分の関心のあることだけで食べていけなかったので、募集があった奄美大島で希少鳥類の調査をする仕事（環境省奄美野生生物保護センター自然保護専門員）に応募し、採用された。結果としては、その13年間の仕事が現在の職につながったのだと思う。

鳥類標識調査は野外調査のひとつで、数や種を調べて、増減や変化を確認する。捕獲して雌雄・年齢などを確認し、足環をつけて離す。データの蓄積が大事な仕事。

現職につくために努力したこと

野外調査では生きものの活動時間を優先する必要があるため、早起きや徹夜など、自分の活動時間は二の次で調査を行ってきた（今もしている）。大学や大学院に入る際には当然勉強をしなければならなかったし、研究を始めてからも、自分の調査と関連する論文を読んだり、自身で論文を書いたりといった努力はしてきた（今もしている）。

仕事のやりがい

生きものの研究でこれまで行ったことのないところに行くのは楽しいし、研究をしてわかっていなかったことがわかるととてもうれしい。

つまり、仕事を通じて新しい経験や知識が得られることがやりがいなのだと思う。

生きもののお仕事につきたい若者や家族へのメッセージ

生きもの仕事にかぎりませんが、「思い込み」がとても大切です。自分はこの仕事をするんだ、自分にはこの仕事しかないんだ、と思い込むことができれば、必ず自分のやりたいことに近づけるはずです。ただし、どこまで近づけるかは才能の多寡によるし、運にも左右されます。到達地点が必ずしも理想の場所ではなかったとしても、あきらめずにその場所でおもしろいと感じることを見つけるのもまた重要だと思います。

ご家族の皆さんは、もし子供がこれと思い込んでその方向に進もうとしていたら、口を挟まず信用して見守ってあげるのがよいと思います（自分もできるかぎりそうしたい）。「思い込み」がじゅうぶん強ければ、必ずどこかしらには到達するはずなので。

捕獲した野鳥を傷つけないようにそっとネットから外す

名前	調査会社の研究員の **豊川**（とよかわ）さん
現職	**株式会社野生動物保護管理事務所　研究員**
主な仕事内容	**野生動物の生息状況や被害状況のモニタリング調査**
主な収入源	給料
生まれ	1994年
学歴	山手学院高等学校 帝京科学大学 生命環境学部 山形大学大学院 農学研究科
職歴	大学を卒業後、株式会社野生動物保護管理事務所（WMO）へ就職
資格	狩猟免許（第1種銃、わな）、普通自動車免許
趣味	旅行

現職につくまでの経緯

もともとはドッグトレーナーになるのが夢で、その資格を取得できる大学に入学しました。しかし、在学中に参加した実習で野生動物を直接観察し調査する「フィールドワーク」に出会い、夢が大きく変わりました。とくにニホンザルの調査では、彼らの生き生きと行動する様に感銘を受け、この道で生きていくことを決め、現職につきました。

仕事のやりがい

大好きなニホンザルのフィールドワークが仕事になっているので（仕事というよりも好きなことの延長という感じです）、毎日が楽しいです。害獣として扱われがちなニホンザルですが、その地域が抱える問題を抽出し、解決への道筋を立てていくことで、人とニホンザルが共存する社会を行政や地域の方とつくっていけることにやりがいを感じます。

夢や目標

人だけが暮らしやすい社会、野生動物だけが生息しやすい森林ではなく、人も野生動物も植物も多様な生きものが共存できる仕組みをつくっていきたいです。

環境問題が深刻化し、今後は生きものに関わる仕事の需要も増えると思います。

野鳥好きが高じて、鳥類調査の世界へ

名前	環境コンサルタントの **木戸**(きど) さん
現職	**株式会社地域環境計画　自然環境研究室**
主な仕事内容	**環境コンサルタント、鳥類調査**
主な収入源	給与
生まれ	1997年
学歴	私立札幌聖心女子学院高等学校 私立東京農業大学 地域環境科学部 森林総合科学科
職歴	2020年　株式会社地域環境計画
資格	普通自動車免許
趣味	絵を描くこと、バードウォッチング、 ゲーム、音楽鑑賞、一人カラオケ

きっかけは小学生の頃、家の本棚で見つけた野鳥図鑑。自由研究として野鳥観察を始め、中学生以降は地元の東京から各地へ足を延ばして野鳥を楽しむまでに。

現職につくまでの経緯

野鳥が好きすぎて、森に囲まれた北海道の高校で寮生活をし、空いた時間には学校の敷地内でクマゲラやオオルリ、シマエナガ、イスカ等の野鳥を眺めては、一人にやりと笑みを浮かべていました。大学では鳥に関わることを学びたいと思い、東京農業大学へ進学、農大野鳥の会（サークル）に所属し、仲間とバードウォッチングを楽しみました。そのときに先輩から紹介され、鳥類調査のバイトをしたことで環境コンサルタントというお仕事を知りました。大学の卒業論文で、奥多摩の森の中で鳥類調査をしている内に「これが仕事としてできる環境コンサルタントは、自分のこれまでの経験を活かせるだろうし、楽しく働けそうだ」
と思い、入社に至りました。

仕事のやりがい

調査中にお気に入りの鳥、珍しい鳥、見たことがなかった鳥に出会えたなどのサプライズもあり、次はどんな鳥に出会えるか期待を抱きながら現場に向かっています。猛禽類の調査では、数か月集積した飛翔経路の記録を元に、森の中の巣を探しに行きます。植物をかき分けながら山中を歩き回り、狙っていた位置で巣を見つけられたときの達成感はたまりません。かわいい雛鳥と出会えるご褒美も待っています。

日の出前から調査を始めることも。その時間の空気の味、景色の美しさ、鳥たちのさえずりには毎度感動！

両生類を研究しているうちに高等教育に興味が湧いた

名前	大学で両生類を研究する **松井**(まつい)さん
現職	**麻布大学 大学教育推進機構、教学IRセンター 副センター長、(兼)教育方法開発センター 副センター長、(兼)獣医学部 生理学第一研究室 講師**
主な仕事内容	**両生類を中心とした生きものの研究、学生の研究指導、高等教育に関する研究など**
主な収入源	給料
生まれ	1973年
学歴	大阪府立北野高等学校卒→麻布大学獣医学部獣医学科卒→広島大学大学院理学研究科博士前期課程修了→早稲田大学大学院理工学研究科博士後期課程修了→熊本大学大学院社会文化科学教育部博士前期課程修了
職歴	2003年　早稲田大学教育学部助手 2003年～現在　麻布大学獣医学部獣医学科　講師（現在は兼務） 2021年～現在　麻布大学大学教育推進機構 教学IRセンター　副センター長
資格	獣医師、普通自動車免許、eラーニングプロフェッショナル、 *学位（博士（理学）、修士（教授システム学））は資格ではないが現職には必要
趣味	車、DIY、読書、アウトドア、料理、洋裁、園芸など

現職を志した理由

いつの間にか教育研究の分野に来ていた…？

一応、自分も両生類を中心に生きものの研究を行っているが……学生たちの研究を支援したり、進路を考えたりのほうが忙しい。メインの研究テーマは、高等教育の有り様などを考えること。

現職につくまでの経緯

女一人でも生きていけるよう、興味のある分野で資格を取れるものをと思い獣医学科へ進学。学ぶうちに自分は臨床向きでないことを自覚。解剖学研究室でずっと顕微鏡をのぞいているような実験オタクだったので、研究を続けたい、ほ乳類以外（両生類）を学びたいと思い大学院（理学）へ。学部時代と異なる実験技術を学び、学位論文をまとめた頃に大学教員に採用される。あまり教員としての自覚がなかったが、TPの執筆が契機になり高等教育に関して深く考えるように。両生類の研究を少しやっている程度だったのが、学生が集まり始め、対象動物や研究の幅も拡がる現状。教育と研究は高等教育の両輪とされる意味を実感中。

高等教育に興味が湧いたのは、結婚や出産などのライフイベントで、ほ乳類としての自分と向き合ったのも影響しているかも。もっと良質な教育を目指そうと、大学教員になってから大学院にも通う。高等教育の質保証や学習成果の可視化といった、高等教育全体の推進を意識するようになった。

生きもののお仕事につきたい若者や家族へのメッセージ

生きものに関わる仕事はレールがあるようで無いものが多いです。元から形になっている職業に当てはまる場合もあれば、いつの間にか生業になっているもの（新しく世に生み出されていく職業）、生業ではなく人生の背骨（ライフワーク）となる場合もあります。オリジナリティのある仕事や生き方は考えていれば生まれるものではなく、まずは型を学び、そこに自分のやり方を加えていくことで形づくられると思っています。自分が本来は動物界の一部に属する存在であることを客観的に認識することも、生きもののお仕事につく上で大事なことです。

生きものの保全はひとりではできないこと。教育を通じて、協力者を増やすことが大事だなぁと思う。

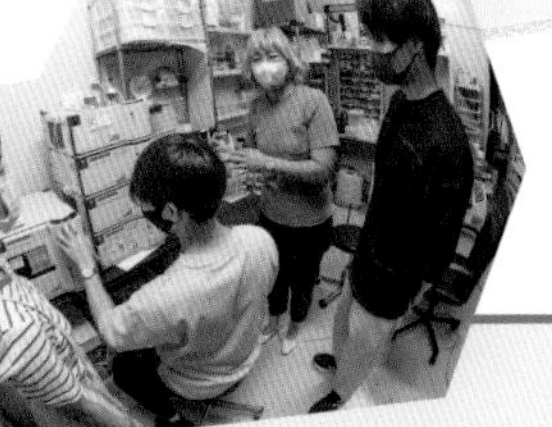

学生といっしょに研究するのは楽しい！

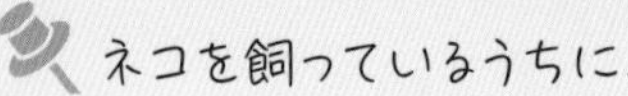

ネコを飼っているうちに、ネコの心を知りたくなった

名前	大学でネコを研究する **高木**（たかぎ）さん
現職	日本学術振興会特別研究員（RPD） 麻布大学　特別研究員
主な仕事内容	ネコの研究活動・心理学および比較認知科学の講義
主な収入源	給料と、講義や監修などの報酬
生まれ	1991年
学歴	2018 京都大学文学研究科行動文化学専攻　修了
職歴	2017　日本学術振興会特別研究員（DC2） 2019　日本学術振興会特別研究員（SPD） 2019　専修大学非常勤講師 2022　日本学術振興会特別研究員（RPD）
資格	博士（文学）
趣味	車、アウトドア、カメラ

＼私の目標は…／

国内にネコを研究する拠点を作る。動物の心理学という学問を多くの人に知ってもらうこと。

現職を志した理由

ネコが好きで、科学的にその心を明らかにしたいと思ったから。

研究対象をネコにしぼったのは、ネコを飼い始め「何を考えているんだろう？」と思ったのがきっかけ。研究には飼い猫やネコカフェの猫に協力してもらっている。

現職につくまでの経緯

幼い頃から動物が大好きで、動物と関わる仕事につきたいと思っていた。大学で心理学を学ぶうちに、動物の心理学を研究する学問（動物心理学・比較認知科学）が存在することを知り、研究者の道を志す。大学院生からは実験を通して、大好きなネコの心を明らかにしようとしている。

現在は、日本学術振興会と麻布大学の研究員。前者から給料が出ていて、後者は籍を置いて教授の指導のもと研究活動を行っている。ときどき他大学の講義などを行い、報酬を得ている。

現職につくために努力したこと

英語の勉強。最新の科学論文は英語で発表される（する）ため、リーディングやライティングはもちろんのこと、国際学会などで世界の研究者とディスカッションするためにリスニング・スピーキング能力も必要になる。

仕事のやりがい

地道にデータを取得し、その解析をはじめて行うとき。世界でまだ誰一人として知らない事実を最初に知れること。また、大好きなネコと仕事で接することができること。

「こんな仮説を裏づけるデータなんて、取れるのかしら…？」と不安になることもしばしば。データを解析して仮説どおりだったときは本当にうれしい！

生きもののお仕事につきたい若者や家族へのメッセージ

周りの研究者の人を見ていると、研究者になろうとしてなっている人は少ない気がします。私もそのうちの一人です。ただ自分の興味のあることに打ち込んで、興味のないことに手を出さない。これだけで自分の道がどんどん広がっていくと思います。自分の好きなことを追及してみてください。

研究を進めるほど、新しい疑問が湧いてきて、テーマもどんどん増えていく！

大学の講義でイカ・タコに出会い、研究者を目指すことに

名前	大学でイカ・タコを研究する **杉本**（すぎもと）さん
現職	**慶應義塾大学 法学部 生物学教室　助教**
主な仕事内容	**イカ類の行動研究、生物学実習の補助や生物学の授業**
主な収入源	給料
生まれ	1983年
学歴	2007年　琉球大学 理学部 海洋自然学科 2012年　琉球大学 大学院 理工学研究科 海洋環境学専攻
職歴	2011年　日本学術振興会 特別研究員（DC2） 2013-2015年　琉球大学の大学院や理学部で研究員や講師を務める 2016年　沖縄科学技術大学院大学 ポストドクトラルスカラー 2021年　現職
資格	博士（理学）

現職につくまでの経緯

獣医になるのが夢だったが受験で失敗し挫折。生物全般と海が好きという理由で選んだ大学でイカ・タコ類に出会い、そのおもしろさに惹かれる。卒業研究を進めていると、もっと知りたいと思うようになり大学院進学を決意。せっかくなら博士を取ろうと思い、研究者を目指すことに。博士取得後、合計1年半は研究で食えない時期があったものの、アルバイトをしながら研究を続行。国際学会への参加がきっかけで、沖縄科学技術大学院大学へ就職。学生時代から知り合いの先生の紹介で、慶應義塾大学へ就職。

夢や目標

イカ・タコの認知能がヒトとどのように異なるか、似ているかを解き明かすこと、そして、地球で暮らす上でどのような有利さで進化してきたのかについて自分なりの答えを見つけること。また、人生で多くの時間を過ごした沖縄を中心に、人や自然がもともともっている力を最大限発揮できるよう、課題を解決したり、新たなきっかけを作ったりすることで、社会がよりよくなるような活動も行いたい。

イカ・タコ類は
発達した脳、
眼や色素胞をもち、
高い処理能力を使って
学習やコミュニケーションと
いった優れた認知能力を
生存に活かせる生きもの。
まるで
ヒトのよう!?

アブラムシの研究を通して、新しい世界の見方をより多くの人に提供したい

名前	大学でアブラムシを研究する **植松**（うえまつ）さん
現職	**慶應義塾大学 法学部 生物学教室　助教**
主な仕事内容	**生物学の教育、研究**（昆虫の社会進化）
主な収入源	給料
生まれ	1984年
学歴	東京大学 理学部 生物学科 東京大学 大学院 総合文化研究科
職歴	2012年　日本学術振興会 特別研究員（ケンブリッジ大学、産業技術総合研究所） 2018年　東京大学助教 2019年　総合研究大学院大学研究員 2021年　現職
資格	博士（学術）、普通自動車免許

現職につくまでの経緯

動物の進化を研究したいと思い、進化生物学の授業がおもしろかった教授を訪ね、大学院から所属を変更する。社会性を進化させたアブラムシの研究を行い、博士の学位を取得。その後、国内外でアブラムシの研究室に所属し、研究を続ける。

自分の研究を紹介したいと、日本だけでなく海外からも問い合わせがあると、世界とつながっていると感じられる。

仕事のやりがい

アブラムシは昆虫の中でもあまり知られた存在ではなく、研究者数も少ないが、その分、なぞが多く、身近な観察でも多くの発見がある。また、一般向けの講演や授業などで多くの方がアブラムシの生態に驚いてくれるのもうれしい。

生きもののお仕事につきたい若者や家族へのメッセージ

生きものの仕事につく上で何より大事なのは、生きものを自分の目でよく見て考えることだと思います。地道に観察を続けると、新しい現象を発見することができます。現代は多くの情報が得られ、コスパを考えてせっかちになっていますが、じっくり考える時間はとても重要です。また研究者になる上で勉強は大事ですが、知識を入れすぎて頭でっかちになりすぎないこと。私も気をつけています。

名前	大学の博士研究員の川島（かわしま）さん
現職	**琉球大学理学部　博士研究員**
生まれ	1993年
学歴	東京都立小山台高等学校 琉球大学 理学部 海洋自然科学科 生物系 琉球大学 大学院 理工学研究科 海洋環境学専攻

現職をめざした理由

小さな頃から、虫やカエル、鳥など身近な生きものを観察するのが好きでした。本や博物館、テレビなどでさまざまな生きものを研究する生物学者の活躍を見て、自分も生きものの研究者になりたいと漠然と思うようになりました。

現職につくまでの経緯

「なるべく生物が実際に生息するフィールドから近いところで勉強をしたい！」という思いから琉球大学に入学しました。大学で池田譲教授の実習や授業に参加し、イカやタコの行動と認知能力を知ってからは、自分も生きものの行動からその能力を探る、動物行動学を学びたいと思うようになりました。卒業研究から現在に至るまで池田教授の元でタコを対象に学習能力や、眼や腕を使って彼らがどのように世界を感じているか、に焦点を当てた研究を行い、2022年の春に博士号を取得しました。

在学中は山や海で
さまざまな生きものに出会い、
それらが自然の中で
示す行動のおもしろさに
どんどん
惹かれていきました！

夢や目標

これからも、タコが世界をどのように感じているのかという観点から、動物の視覚や触覚といったさまざまな感覚を用いた認知の特性を明らかにしていきたいです。タコという動物における感覚特性を明らかにすることで、いつか漁業やロボット工学など人の社会の役に立つ分野にも何か還元できることがあればうれしいです。

一度は出版社に就職したが、研究の道へ再出発！
野生動物の未知なる生態を解き明かしたい

名前	博士後期課程で野生動物を研究する稲垣（いながき）さん
所属	東京農工大学大学院 連合農学研究科
生まれ	1994年
学歴	横浜雙葉高等学校 東京農工大学 東京農工大学大学院
職歴	2019年〜　山と溪谷社 2020年〜　フリーランス 2021年〜　東京農工大学大学院へ進学、今に至る
資格	普通自動車免許、第一種銃猟免許、わな猟免許、 第四級アマチュア無線技士

就職後、大学院へ進学した理由

大学生のときにツキノワグマの調査や研究に関わったことをきっかけに、森の中でひっそりと暮らす野生動物たちの知られざる生態を探求していくおもしろさを知りました。一方で自然の魅力を広く伝えることにも興味があり、一度は出版社に就職したものの、大学時代の研究成果を論文という形で発表したいという強い思いや野外調査のワクワク感が忘れられず、大学院に進学しました。

研究テーマは動物死体とその動物死体を食べる動物について。一部の野生動物にとっては動物の死体も重要な食べもののひとつ。自然の中で動物死体がどのように役立っているのかを調べています。

夢や目標

私の夢は、さまざまな形で生きものの魅力やおもしろさを伝えることです。もちろん苦手な生きものもいますが、好き嫌いという感情を超えて、生きものとその生きものが暮らす場所の多様性を知り、守ることに貢献したいと考えています。そのためには、正しい知識を日々インプットし、論理的な思考をもって行動することが大切だと思っています。まずは博士号を取得することで、物事をさまざまな視点から分析・判断できるスキルを身につけることが目標です。

高校生物部で生徒ともに生きものを調査・研究する

名前	高校で理科を教える **下口**（しもぐち）さん
現職	**私立高校　生物担当教員**
主な仕事内容	**生物の授業　生物部の顧問**
主な収入源	給料
生まれ	1980年
学歴	高校～大学（東京農大）～大学院（東京農大）
職歴	都立農業高校講師、公立中学校講師を経て、現在は私立高校の教員を勤める
資格	中学校教諭（理科）、高校教諭（理科・農業）、普通自動車免許
趣味	御朱印巡り、わさび関連品の収集

標本をつくっているときは至極のとき…

＼私の目標は…／

生徒たちともっといろいろな生物に触れたいと思います。生物室に入りきらないほどの標本をみんなでつくりたいです。

現職を志した理由

私立高校の教員は異動がないため、学校周りのフィールドで生物観察や採集が存分にできると思ったから。

現職につくまでの経緯

大学院在籍中に都立の農業高校で講師をし、食品加工の授業を担当し、生徒たちと小麦栽培から製パンまでを楽しんでいました。その後、公立中学校で講師として理科の授業を担当していました。ペットボトルロケットを作って飛距離を競ったり、学校菜園で育てた野菜を調理室で調理して食べたり、生徒たちといろいろなことを体験しました。現職についてからは、理科の授業や生物部の顧問をしながら、生徒たちと一緒に絶滅危惧植物カワラノギクの保全活動や動物標本づくりに取り組んでいます。

地域の生きものの調査・研究は自分の楽しみでもある。大学や研究施設にその情報を提供することも。今は、外来種のクリハラリスの食べ物の調査（うんちの調査、解剖など）を行っている。

仕事のやりがい

「生きものに関わる分野で生きていきたい」という生徒が現れたときはとてもうれしいです。生物部で生徒たちと活動する中で、生き生きと飼育作業や標本作製をしている生徒の様子が見れるときも、なんだかうれしくなります。

コツコツと時間をかけて全身骨格標本の作製を進め、最後の針金をしめて、すべての固定が完了したときは感動と喜びでいっぱい！

生きもののお仕事につきたい若者や家族へのメッセージ

～オタクと呼ばれることに誇りをもとう！～

「そんなことやって何になるの？」みたいな周りの言葉を気にすることはありません。自分が好きなことは誰が何といっても好きなことなのですから。興味をもったことを大切にし、どんどん深堀して積極的に行動しましょう。類は友を呼んで、仲間が増えていきます。生きものとの関わりが深まると不思議と満たされた生活が送れます。生かされていることに感謝です。

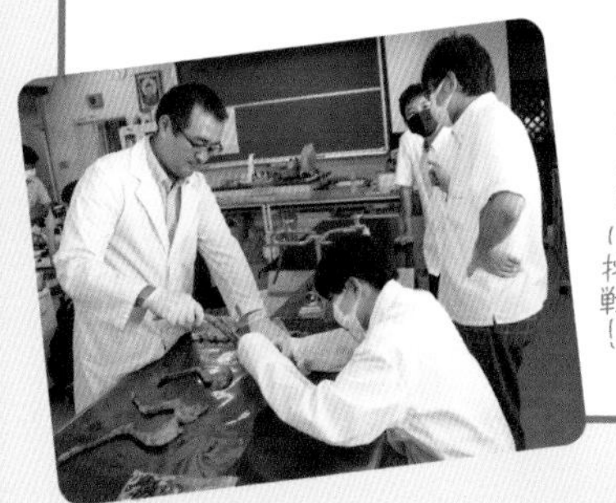
生物部のみんなと標本づくりに挑戦！

column

「生物部生徒交流会」を見学させてもらいました！

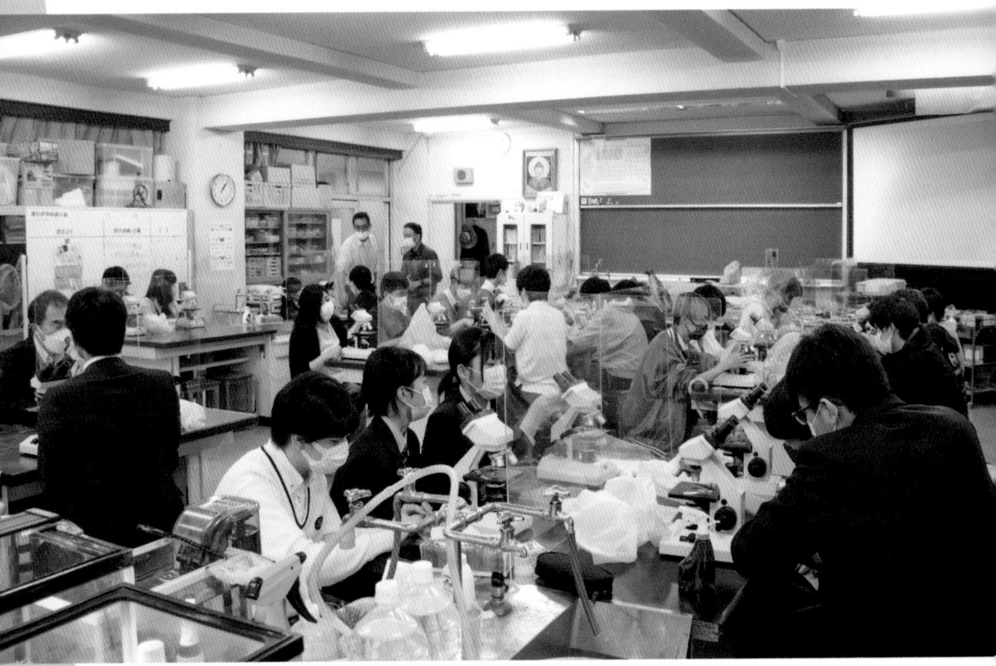

現在、全国各地で活発に開かれているのが「生物部生徒交流会」。生物部の日々の活動や研究を報告するのが主な目的で、生きものの飼育はもちろん、標本づくりや、体色変化など生態の研究、周辺地域の生きものの調査など、学校ごとに報告内容はさまざま。「うちの部でもやってみたい！」「おもしろそうな研究だなぁ…」という声も聞かれ、生物部の活動の幅を広げる場になっています。飼育で困っていることを話し合ったり、好きな生きものについて語り合ったり、情報交換できるのもよいところです。生きものの知識を深める特別講義や、興味関心をそそる実習などが設けられることもあり、未来の「生きものに関わる仕事につく人」を育む場にもなっているかも!?

また、生徒交流会に参加していた生物部のみなさんに「どんな生きものに興味があるか」「生きものの仕事についてどう思っているか」など、アンケートを実施。若き生きもの好きたちの「今」を調査してみました！

「イカを光らせる実験」「絶滅危惧種のカワラノギクの調査」など、活動＆研究のテーマはさまざま！

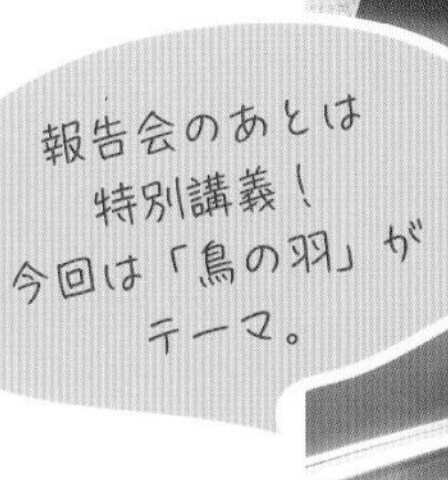

「鳥の『羽、羽根、羽毛』の違いは？」から「羽毛の種類や役割」まで、鳥の羽のイロハを学ぶ講義がスタート

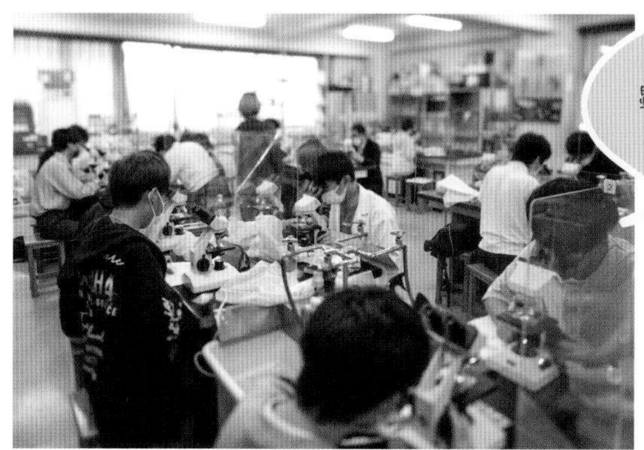

最後はクイズ形式の実習。羽毛の細部を観察し、鳥の種を当てるという超難易度！　さすが生きもの好きたち、正答率が高い！

高校生物部のみなさんにうかがいました！

Q1. 好きな生きものは何ですか？

好きな生きものはいろいろ！
多様性にびっくりです！

Q2. 生きものに関わる仕事につきたいですか？

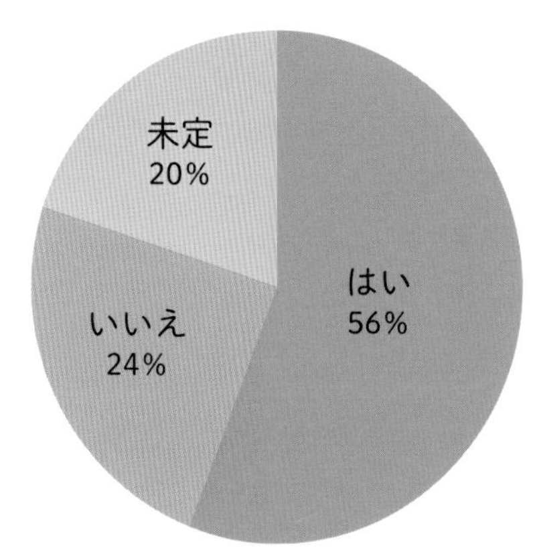

生きもの好きの生徒さんたちとあって、生きものに関わる仕事をしたいと考えている人は半数を超えました。なかには、そのために進路を考えている人も。一方で、「つきたい仕事はあるけれど、今の進路でよいのか心配だ」という声もあり、一般企業などに就職するのと違って「どうしたらよいかわからない」という不安があるのかも。

Q3. 生きものの仕事で気になっている職業は何ですか？

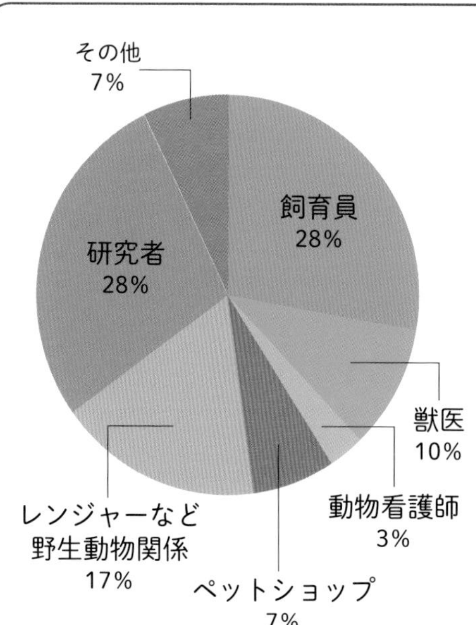

飼育員がいちばん人気でしたが、「飼育員くらいしか思いつかなくて、どんな職業があるか知りたい」という人もいました。Q2で「いいえ」「わからない」と答えた人に気になっている職業を聞いてみたところ、バイオ系の研究職につきたい人や、生きものと人の共存を考えた都市開発に携わりたい人、医療や薬学を研究したい人など、生きものと縁がありそうな仕事を挙げる人もたくさんいました。

生きもの好きの生物部のみなさま、
ご協力をありがとうございました！

column

生きものの仕事に関連する資格

履歴書でよく登場する資格を、あいうえお順でまとめました。業種によって必須な資格と、そうではない資格があります。情報は2022年11月現在のものです。

愛玩動物飼養管理士

ペットについての正しい知識・法律関係などを学び、人に伝えるスペシャリストの資格です。ペットショップや動物病院、トリマーなどペット関係の職に就職する際に取得しておくことがあるようです。通信教育や、動物関係の専門学校・トリミングスクールで取得できます。

学芸員

博物館の専門的職員の資格で、博物館に就職する際に必須の資格です。大学や短大の授業、文部科学省で行う資格認定に合格すれば取得することができます。

家庭動物管理士

ペットのプロの育成を目的とした資格で、取得の際には動物やペットに関連した法律、衛生管理、接客などが学べます。ペットショップなどで働く人が取得することが多いようです。

飼育技師

社団法人日本動物園水族館協会の民間資格で、日本動物園水族館協会に加入している施設で２年以上の勤務経験が必要です。資格の有無で業務に変わりはありませんが、取得する人が多いです。

自動車運転免許

動物園や水族館の場合、動物やえさの搬出搬入などさまざまな場面で必要なので、自動車運転免許（普通自動車免許）は入社までの必須資格としている場合もあります。動物関係の施設では軽トラックなどマニュアル車を使っているところもあるので、もしかしたらオートマチック限定免許よりマニュアル免許の方がちょっと有利かもしれません。

小動物飼養販売管理士

小動物（犬，猫，小型ほ乳類，鳥類，爬虫類）などの基本的な生物学、法律、病気など、小動物を販売する上で重要な知識を学ぶことができ、ペットショップなどで働く人が取得することが多いようです。通信教育制で、教材で学んだ後、試験を受けて合格することで取得できます。

獣医師免許

獣医師になるには必須の資格です。獣医学部で６年間学んだ後に国家資格を受ける必要があります。国家試験の学生の合格率は、大学によりますがおおむね90％前後のようです。

潜水士

水中で作業（仕事）をするために必要な国家資格で、潜水して業務をする場合は免許の取得が義務づけられています。水族館でも水槽そうじや調査など、水中での作業をする場合に必要なので、入社までの取得を必須としている施設もあります。

損害保険保証人

ペットショップなどで、ペット保険の説明をする際に必要な資格です。ペットショップに勤務してから、必要な講習を受けて取得するケースが多いです。

認定装蹄師

装蹄師として働くために必要な資格です。装蹄師認定講習会で1年間講習を受けた後、認定試験に合格することで、2級認定装蹄師を取得することができます。

認定動物看護師

動物看護師として働くには必須なものではありませんが、取得しておく人が多いようです。複数の団体が認定動物看護師試験を行っており、主には動物看護に関係した学校で学び、試験に合格することで取得できます。 参考：「国家資格となった動物看護師」P.103

認定トリミング資格

トリマーに関連した資格はさまざまあり、通信講座によって取得できるもの、専門学校で学び取得するものなどがあります。働くのに必ずしも取得する必要はありませんが、トリマーを目指す方の多くは取得を目指すようです。

博士

資格ではありませんが、研究職を目指す場合に必須な学位です。主には大学を卒業後、大学院の博士前期課程（修士課程）で2年間、所定の単位を取得し論文を提出した後、博士後期課程（博士課程）に約3年間在籍し、博士論文を提出し審査に合格することで取得できます。

── 補足 ペット関連の資格について ──

ペットショップ・動物病院・トリミングサロンなど動物を取り扱うお店を経営するためには、行政に動物取扱業の申請をして、申請が通ったら動物取扱責任者*を立てて、開業することができます。一方、ペットショップの従業員として務めるための必須資格はなく、資格の取得については、そのお店が取り扱う生きものやオーナーの考え方次第ともいえ、お店によってさまざま。店員もしっかり愛玩動物飼育管理士の資格を持ち、講習に出ているところもありますが、中には一店員までは、まったく気にしていないところもあります。

＊動物取扱責任者と認められるには、実務経験の有無、動物を学べる大学や専門学校卒業しているか、獣医師免許、愛玩動物飼養管理士・家庭動物管理士・小動物飼養販売管理士などの資格取得が必要。

おわりに

そして僕は生きものカメラマン

一般的には動物カメラマンと言われることが多い僕の場合は、野生や水族館や動物園の動物たち、変わったペットなどなど、いろいろな生きものを撮影して、それを本にするのが主なお仕事で、収入源はほぼ100%出版印税です。

近年、SNSなど自己発表の場は増えたけど、野生動物の写真をメインとした雑誌などはなく、動物写真業界はすっかり衰退してしまったイメージなので、生きものの写真を撮るだけで収入を得る方法はあまりなくて、たとえ少しあってもとっても不安定で、普通の暮らしを維持するのさえ難しいから、動物カメラマンを生業にしている人は意外と少ないようです。

改めて調べてみると、写真業界誌やカメラなどのメーカーと連携し商売として成立している人もいるみたいだけど、それは本当にひと握りで、ほとんどの人は生きものの調査や、ペット業界の雑誌取材や、冠婚葬祭や遠足・発表会などのイベントカメラマンといった具合に、生きものの知識や写真技術を使ったお仕事で収入を得て、自身の作品づくりをしている人が多いみたい。

私はフリーになってから現在まで、なんとかカメラマン専門でやっていますが、私の特徴というか強みは企画アイデア・撮った写真からいろいろと企画を生み出すのが得意なのです。

その企画を理解し、一緒に本を作るために働いてくれる編集者がいてくれてはじめて仕事として成立します。

ということで最後に、生きものカメラマンの僕の履歴書と、この本を一緒に作ってくれた編集者・ライターにも、どうやって生きものの本を作る仕事についたかを聞いてみたよ。

松橋利光

水族館の飼育員から出版社を経て、生きものカメラマンに

名前	カメラマンの 松橋（まつはし）さん
現職	**フリーの生きものカメラマン**
主な仕事内容	**生きものの撮影、出版物の制作**
主な収入源	出版印税
生まれ	1969年
学歴	武相高等学校
職歴	1987年　株式会社江ノ島水族館　飼育員 1995年　株式会社ピーシーズ（出版社） 1996年　フリーランスのカメラマン
資格	飼育技師、普通自動車免許
趣味	車、料理、珍奇植物

やっぱり生きものの撮影は楽しい！

現職につくまでの経緯

中学卒業時、勝手に観賞魚店への就職を取りつけるが、親の説得で高校に進学。就職活動時に知人の紹介で江ノ島水族館の試験を受け、入社。江ノ島水族館ではラッコを担当し、その後、相模川ふれあい科学館に出向してからは淡水魚・両生類の飼育、イベントの企画などを担当した。そのなかで、展示解説用写真を撮り始める。イルカショーへの異動を機に、江ノ島水族館を退社。その際、水族館に展示生物を納めていた業者さんの紹介で、出版社に入社する。上司に対する言動が原因で数ヶ月でクビになり、フリーランスのカメラマンに。

現職につくために努力したこと

飼育員時代は安月給のなか、給料のほとんどを写真に費やした。出版社入社後も撮影を何より優先し、少しでも多くの種を撮ること、クオリティの高い写真を撮ることに妥協しなかった。また、自分の写真を活かすために、出版の企画案や構成案を手作りし、出版社に提案し続けた。

仕事のやりがい

何年も狙っていた生態や、今までどの本でも見たことのないシーンを撮影できたとき。

過去になかった新たな発想の本や、小学生の頃に「こんな本が欲しい！」と思っていた理想の本を、自分のアイデアや努力次第で実際に作ることができること。

講演会などで、
実際にその本を読んでくれた
子どもたちと会えたり、
お話しできたりすると
うれしい！
そんな子どもが大人になって、
生きものの仕事についたり、
作家になっていたりするのを知った
ときは、とてもやりがいのある
仕事だと実感しました。

生きもののお仕事につきたい若者や家族へのメッセージ

私は子どもの頃から、カエルを捕まえてきては庭に放してカエルの楽園をつくろうとしたり、部屋にはプラケースに入った虫や爬虫類や両生類でいっぱいだったりしました。あまりにも勉強ができなかったので、受験のときは「好き」を親に止められたこともありましたが…とにかく「好き」を続けました。しかたなく高校に進学し、友人と遊び、他の趣味もありましたが、そのために生きものに関わる時間は削りませんでした。時間がない分、朝５時に起きて水槽のそうじをしてから学校へ行くような毎日でした。

まずは好きなことを続けることだと思います。「好き」を続け努力する姿が見て取れれば、家族は応援してくれるはずです。

フィールドでは
撮影チャンスを
何時間も
待つことも…

この本の編集を担当しました

名前	編集者の **手塚**（てづか）さん
現職	**株式会社山と溪谷社　自然図書出版部**
主な仕事内容	**自然科学の本や図鑑、カレンダーの編集**
主な収入源	給料
生まれ	1995年
学歴	2019年に大学院を修了
職歴	2019年より現職につく
資格	普通自動車免許
趣味	読書、旅行、生きもの観察

現職を志した理由

自然や生きものが好きで、それを発信する仕事につきたいと思っていたため。

現職につくまでの経緯

大学院で2年間、両生類のホルモンの研究をしたあと、新卒で現在の会社に入社しました。

野生の生きものが対象だったため、ときおりフィールドワークに出かけられたのがよき思い出。

仕事のやりがい

この本もそうですが、制作や取材を通して、生きものに関わる多くの皆さんと会い、お話を聞き、それを発信できることは魅力的な仕事だと思います。それが読者さんの手に届いて、読んでおもしろがってもらえるとうれしいです。

図鑑や生きものの本を作るときに、著者のお話を聞いたり、取材として生きものを見に行くことはとても楽しいです

生きもののお仕事につきたい若者や家族へのメッセージ

私が学生の頃に「あったらいいな」と思っていたような本が、著者の松橋さんや池田さん、そして取材にご協力いただいた皆さんのお力によって完成しました。この本が、将来の仕事について考える皆さんのもとに届いて、道を選ぶ上でのお役に立つことができるのであれば幸いです。

自分が出会ったすてきなものや、おもしろいものを本にしたい!

名前	フリーランスの編集者の池田(いけだ)さん
現職	フリーランスの編集者・ライター
主な仕事内容	本や図鑑、雑誌の編集・ライティング
主な収入源	編集や執筆に対する報酬
生まれ	1984年
学歴	2007年に大学を卒業
職歴	出版社や編集プロダクションで働き(アルバイトや業務委託)、フリーランスの編集者になる
資格	普通自動車免許
趣味	登山、音楽鑑賞、読書、生きものの観察

現職につくまでの経緯

大学在学中に出版社でアルバイトしていました。そのとき知り合った編集者さんに「仕事を紹介しようか?」と声をかけていただき、編集プロダクションで働き始め、その後、フリーランスの編集者になりました。

編集の仕事を始めてからは「生きものが好きです!」といろいろな人に告白。生きものの撮影に同行させてもらったり、生きもの関連の取材に呼んでもらったりしているうちに、少しずつ「生きものな仕事」が増えていきました。

アルバイトをしていた出版社、
仕事を紹介してくださった編集者さん、
ビシバシ鍛えてもらった
編集プロダクション…
いろいろな方のおかげで、
編集の道がひらけました。

子どもの頃から生きもの好き。
草花の名前を覚えたり、
バードウォッチングをしたり、
山菜採りをしたりと、
田舎育ちで自然が身近でした。

仕事のやりがい

自分が出会ったすてきなものや、おもしろいもの(動植物、自然、人物など!)を、「どうやって本にしよう?」と考えているときが一番楽しいです。

出版社に企画を
持ち込んでボツになること
もしばしば……なので、
妄想中が一番楽しい!

取材協力

AQUA&ANIMAL FREEDOM
JRA日本中央競馬会
Trimming An
麻布大学
アドベンチャーワールド
有限会社 アニマルプラザ
奄美いんやま動物病院
奄美市立奄美博物館
犬のようちえん 代官山教室
井の頭自然文化園
上野動物園
株式会社エスケーアール
海遊館
かしの木動物病院
柏乗馬クラブ
神奈川総合産業高等学校　化学工学部
鴨川シーワールド
環境省
光明学園相模原高等学校　理科研究部
国立科学博物館
相模原弥栄高等学校　サイエンス部
サンシャイン水族館
世界淡水魚園水族館　アクア・トト ぎふ
体感型動物園 iZoo
体感型カエル館 KawaZoo
多摩動物公園
株式会社地域環境計画
千葉県農業共済組合　西部家畜診療所
田園調布動物病院
東京都葛西臨海水族園
鳥羽水族館
富山市科学博物館
名古屋港水族館
爬虫類専門店　TOKO CAMPUR
ペット医療センター 荏田南総合病院
ペットエコ　多摩本店
三浦学苑高等学校　科学部
株式会社　野生動物保護管理事務所
公益財団法人　山階鳥類研究所
大和高原動物診療所
よこはま動物園ズーラシア

自分の履歴書を書いてみよう!

名前	
好きな生きもの	
やってみたい仕事	
生まれ	
学歴	
取ってみたい資格	
趣味	

やってみたい理由

仕事についたらやってみたいこと

夢や目標

プロの履歴書(りれきしょ)からわかる　生(い)きものの仕事(しごと)

2023年 1 月 5 日　初版第1刷発行

著　者　　　松橋利光
発行人　　　川崎深雪
発行所　　　株式会社 山と溪谷社
〒101-0051　東京都千代田区神田神保町1丁目105番地
https://www.yamakei.co.jp/
印刷・製本　株式会社光邦

●乱丁・落丁、及び内容に関するお問合せ先
山と溪谷社自動応答サービス　TEL.03-6744-1900
受付時間／11：00-16：00（土日、祝日を除く）
メールもご利用ください。
【乱丁・落丁】service@yamakei.co.jp
【内容】info@yamakei.co.jp
●書店・取次様からのご注文先　山と溪谷社受注センター
TEL.048-458-3455 FAX.048-421-0513
●書店・取次様からのご注文以外のお問合せ先
eigyo@yamakei.co.jp

＊定価はカバーに表示してあります。
＊乱丁・落丁などの不良品は送料小社負担でお取り替えいたします。

Printed in Japan
ISBN 978-4-635-59052-5